高职实用数学

主　　编	李晓娜	张　斌	王仲兰
副主编	丁　玎	莫晓云	王春锋
参　　编	张永辉	戴秀荣	赵　姝
	程国强	张朝钦	

北京大学出版社

PEKING UNIVERSITY PRESS

内 容 简 介

本书的编写以高职院校人才培养目标和不断完善的培养模式为依据，遵循"实用为主、够用为度"的原则。本书在充分研究了当前我国高职教育现状的基础上，结合编者多年来的教学经验和体会编写而成。

全书共7章，包含函数、极限与连续、导数与微分、导数的应用、不定积分、定积分及其应用、常微分方程。书后附有习题参考答案、数学实验和初等数学常用公式。

本书可作为高职高专院校理工类专业的数学基础课教材。

图书在版编目(CIP)数据

高职实用数学/李晓娜, 张斌, 王仲兰主编. —北京: 北京大学出版社, 2017.12
ISBN 978 - 7 - 301 - 29018 - 7

Ⅰ. ①高… Ⅱ. ①李… ②张… ③王… Ⅲ. ①高等数学—高等职业教育—教材 Ⅳ. ①O13

中国版本图书馆 CIP 数据核字(2017)第 303512 号

书　　　名	高职实用数学
	GAOZHI SHIYONG SHUXUE
著作责任者	李晓娜　张　斌　王仲兰　主编
策 划 编 辑	刘健军　杨星璐
责 任 编 辑	李娉婷
标 准 书 号	ISBN 978 - 7 - 301 - 29018 - 7
出 版 发 行	北京大学出版社
地　　　址	北京市海淀区成府路 205 号　100871
网　　　址	http://www.pup.cn　新浪微博：@北京大学出版社
电 子 信 箱	pup_6@163.com
电　　　话	邮购部 62752015　发行部 62750672　编辑部 62750667
印 刷 者	北京溢漾印刷有限公司
经 销 者	新华书店
	787 毫米 ×1092 毫米　16 开本　12 印张　279 千字
	2017 年 12 月第 1 版　2019 年 1 月第 3 次印刷
定　　　价	30.00 元

前　　言

　　本书是为了适应我国高等职业教育快速发展的要求和高等职业教育培养高技能人才的需要，在认真总结近年来高职高专数学教学改革经验的基础上，结合并参考国内同类教材的发展趋势编写而成的。

　　本书在编写过程中特别注重以下几点。

　　(1) 本书以"实用为主、够用为度"为原则，在保证数学体系基本完整的前提下，注重讲清概念，减少数理论证，注重培养学生的基本运算能力、分析能力和解决实际问题的能力，注重理论联系实际。

　　(2) 书中渗透了简单的数学模型和数学实验，注重培养学生用计算机和数学软件求解数学模型的实际应用能力，让学生充分认知现代工具的快捷性和实用性。

　　(3) 本书每节课后配有习题，每章后配有复习题，书末附有习题参考答案，学生在课后可以比较高效地对该章知识进行复习、巩固和提高。

　　(4) 本书中插入了七位伟大数学家的简介，从他们的身上既能学习数学发展的基本过程，认识数学发展的规律，又能领略数学家们独特的人格魅力和精神面貌。

　　本书由河南建筑职业技术学院李晓娜、张斌、王仲兰担任主编，负责全书的统稿及定稿工作，河南建筑职业技术学院丁玎、莫晓云、王春锋担任副主编，参与编写工作的还有河南建筑职业技术学院张永辉、戴秀荣、赵姝、程国强、张朝钦。

　　本书在编写过程中，参考和引用了大量文献资料，在此谨向相关作者表示衷心感谢！

　　由于编者水平有限，书中不当之处在所难免，恳请读者和同行批评指正。

编　者
2017 年 8 月

目　　录

第1章

函　数

　　本章主要介绍函数和数学建模的相关知识．通过本章的学习，要求学生理解函数的定义；了解函数的两个要素；认识分段函数；知道邻域的概念；能够判断函数的基本性质；熟练掌握基本初等函数及其图形；了解复合函数及初等函数的定义；感受数学建模的一般步骤；体会建立数学模型的过程．

————————————☆★☆————————————

　　函数是高等数学的主要研究对象．函数揭示了现实世界中各种变量之间的相互依存关系，是高等数学中最重要的基本概念之一．本章主要学习函数的概念及其基本性质、基本初等函数、反三角函数、复合函数、初等函数，并简单介绍数学建模的相关知识．

1.1　函　数

1.1.1　函数的概念

　　我们先观察一个例子：

　　一个矩形的对角线长为 10，如果此矩形的面积为 S，一边长为 a，试用已知的条件表示矩形的面积 S.

　　答案是：$S = a\sqrt{100 - a^2}$，$a \in (0, 10)$.

　　在本例中，S 和 a 都是变量．我们不妨用 x 替换 a，用 y 替换 S，那么关系式将会写作：$y = x\sqrt{100 - x^2}$，$x \in (0, 10)$. 这就是函数关系．

　　"函数"一词由德国数学家莱布尼兹（Leibniz）于 1673 年首次引入，经过一百多年的演变，到 1837 年德国数学家狄利克雷（Dirichlet）抽象出较为合理的函数概念，并一直沿用至今．

1. 函数的定义

定义 1.1.1 设有两个变量 x 和 y，如果当变量 x 在非空实数集 D 内任意取定一个数值时，按照一定的对应法则 f，都有唯一确定的变量 y 与之对应，则称 y 是定义在集合 D 上的 x 的**函数**，记作

$$y = f(x), \quad x \in D$$

其中，x 称为自变量，y 称为因变量，集合 D 称为函数的**定义域**.

当 x 取某一定值 x_0 时，与 x_0 对应的 y 的数值称为函数在 x_0 处的**函数值**，记作 $f(x_0)$ 或 $y|_{x=x_0}$.

当 x 取遍 D 中的一切数值时，对应的函数值的集合称为**函数的值域**，记作 M，即

$$M = \{ y \mid y = f(x), x \in D \}$$

2. 函数的两个要素

函数的定义域与对应法则称为函数的两个要素. 两个函数相等的充分必要条件是它们的定义域和对应法则均相同.

例 1.1.1 判断下列函数是否相同，为什么？

（1）$f(x) = x$ 与 $g(x) = \sqrt{x^2}$；

（2）$y = \sin^2 x + \cos^2 x$ 与 $y = 1$.

解 （1）$f(x) = x$ 与 $g(x) = \sqrt{x^2}$ 不是相同的函数，因为对应法则不同；

（2）$y = \sin^2 x + \cos^2 x$ 与 $y = 1$ 是相同的函数，因为定义域和对应法则都相同.

3. 函数的表示方法

函数的表示方法一般有三种：**表格法、图像法和解析法（公式法）**.

（1）**表格法** 将自变量的值与对应的函数值列成表格的方法.

（2）**图像法** 在坐标系中用图形来表示函数关系的方法.

（3）**解析法（公式法）** 将自变量和因变量之间的关系用数学表达式来表示的方法.

4. 分段函数

函数在其定义域的不同范围内，用不同的解析式表示的函数，我们称为**分段函数**. 以下是几个分段函数的例子.

（1）**绝对值函数**

$$y = |x| = \begin{cases} x, & x \geq 0 \\ -x, & x < 0 \end{cases}$$

（2）**符号函数**

$$y = \operatorname{sgn} x = \begin{cases} 1, & x > 0 \\ 0, & x = 0 \\ -1, & x < 0 \end{cases}$$

上述分段函数的图像如图 1.1 及图 1.2 所示.

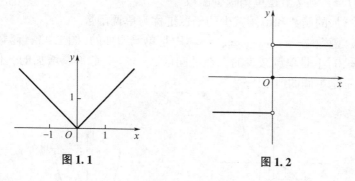

图 1.1　　　　　　　图 1.2

5. 邻域

定义 1.1.2　设 a，$\delta \in R$，且 $\delta > 0$. 我们把以 $a - \delta$，$a + \delta$ 为端点的开区间 $(a - \delta,\ a + \delta)$ 称为点 a 的 δ **邻域**，记作 $U(a,\ \delta)$. 点 a 和数 δ 分别称为这个邻域的**中心**和**半径**，如图 1.3(a) 所示.

由于 $x \in (a - \delta,\ a + \delta)$ 当且仅当，亦即 $|x - a| < \delta$，因此有

$$U(a,\ \delta) = \{x \mid |x - a| < \delta\}$$

图 1.3

如果再把这邻域中的中心 a 去掉，就称它为点 a 的**去心 δ 邻域**，如图 1.3(b) 所示，记作 $\overset{\circ}{U}(a,\ \delta)$，即

$$\overset{\circ}{U}(a,\delta) = \{x \mid 0 < |x - a| < \delta\}$$

1.1.2　函数的性质

1. 有界性

定义 1.1.3　设函数 $y = f(x)$ 在某区间 D 上有定义，若存在正数 M，如果对于任意的 $x \in D$，都有 $|f(x)| \leqslant M$，则称 $f(x)$ 在区间 D 有界，否则就称函数 $f(x)$ 在 D 上无界.

例如，函数 $y = \sin x$ 在 $(-\infty,\ +\infty)$ 内有界，因为对任何实数 x，恒有 $|\sin x| \leqslant 1$. 而函数 $y = \dfrac{1}{x}$ 在开区间 $(0,1)$ 上无界.

2. 单调性

设函数 $f(x)$ 在区间 I 上有定义，如果对于区间 I 上任意两点 x_1，x_2，当 $x_1 < x_2$ 时，恒有

$$f(x_1) < f(x_2)$$

则称函数 $f(x)$ 在 I 上是**单调增加函数**；如果对于区间 I 上任意两点 x_1，x_2，当 $x_1 < x_2$ 时，恒有

第一章　函数

$$f(x_1) > f(x_2)$$

则称函数 $f(x)$ 在 I 上是**单调减少函数**.

单调增加的函数和单调减少的函数统称为**单调函数**.

例如，函数 $y = x^3$ 在 $(-\infty, +\infty)$ 内是单调增加的（图1.4），函数 $y = x^2$ 在区间 $(-\infty, 0]$ 上是单调减少的，在区间 $[0, +\infty)$ 上是单调增加的，但在整个区间内却不是单调的（图1.5）.

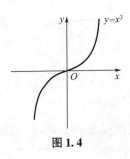
图 1.4

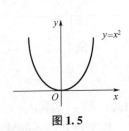
图 1.5

3. 奇偶性

设 $y = f(x)$，$x \in D$，其中 D 关于原点对称，即当 $x \in D$ 时有 $-x \in D$. 如果对任意 $x \in D$，总有

$$f(-x) = -f(x)$$

则称 $f(x)$ 为**奇函数**；如果对任意 $x \in D$，总有

$$f(-x) = f(x)$$

则称 $f(x)$ 为**偶函数**.

奇函数的图形关于原点对称，偶函数的图形关于 y 轴对称.

例如，正弦函数 $y = \sin x$ 是奇函数，余弦函数 $y = \cos x$ 是偶函数.

4. 周期性

设函数 $y = f(x)$，$x \in D$. 若存在常数 $T \neq 0$，使对任意 $x \in D$，总有

$$f(x + T) = f(x)$$

则称 $f(x)$ 为**周期函数**，T 称为 $f(x)$ 的一个**周期**. 通常所说周期函数的周期是指**最小正周期**.

例如，$y = \sin x$，$y = \cos x$ 都是以 2π 为周期的周期函数，$y = \tan x$ 是以 π 为周期的周期函数.

习题 1.1

1. 求下列函数的定义域

(1) $y = \dfrac{1}{x-2} - \sqrt{x+1}$； (2) $y = \dfrac{1}{\sqrt{x^2-x-6}}$.

2. 下列各题中，函数是否相同？为什么？

(1) $f(x) = \lg x^2$ 与 $g(x) = 2\lg x$； (2) $y = \sqrt{x}$ 与 $w = \sqrt{u}$.

3. 设函数 $f(x) = \begin{cases} 0, & -1 < x \leq 0, \\ x^2 & 0 < x \leq 1 \\ 3-x, & 1 < x \leq 2 \end{cases}$

（1）求 $f(x)$ 的定义域；（2）作出函数 $f(x)$ 的图像.

4. 讨论函数 $y = 2x + \ln x$ 在区间 $(0, +\infty)$ 内的单调性.

1.2 初等函数

1.2.1 基本初等函数

定义 1.2.1 常数函数、幂函数、指数函数、对数函数、三角函数和反三角函数，这六种函数统称为**基本初等函数**.

这些函数的性质、图形很多在中学已经学过了，下面主要复习与补充一些三角函数和反三角函数的性质和图形，三角函数的性质见表 1-1.

表 1-1　三角函数性质

函　　数	定义域	值域	周期性	奇偶性
正弦函数 $y = \sin x$	R	$[-1, 1]$	2π	奇函数
余弦函数 $y = \cos x$	R	$[-1, 1]$	2π	偶函数
正切函数 $y = \tan x$	$\left\{ x \mid x \neq k\pi + \dfrac{\pi}{2},\ k \in Z \right\}$	R	π	奇函数
余切函数 $y = \cot x$	$\{ x \mid x \neq k\pi,\ k \in Z \}$	R	π	奇函数

正弦函数、余弦函数、正切函数、余切函数的图像如图 1.6 和图 1.7 所示.

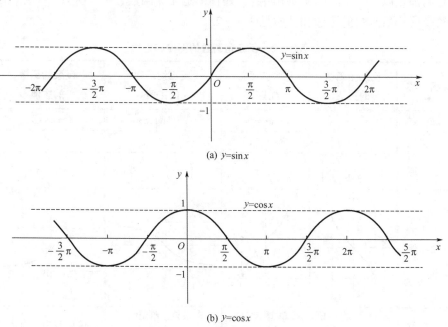

(a) $y=\sin x$

(b) $y=\cos x$

图 1.6　正弦函数和余弦函数

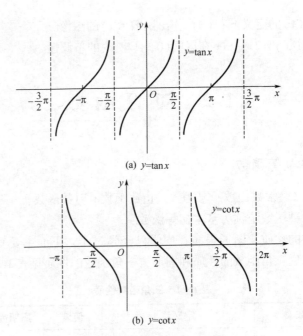

(a) $y=\tan x$

(b) $y=\cot x$

图 1.7　正切函数、余切函数

此外，还有另外两个三角函数，它们是正割函数

$$y = \sec x = \frac{1}{\cos x}$$

和余割函数

$$y = \csc x = \frac{1}{\sin x}$$

它们都是以 2π 为周期的周期函数，并且都是无界函数．

反三角函数的图像和性质见表 1-2．

表 1-2　反三角函数的图像和性质

名　称	反正弦函数的主值	反余弦函数的主值	反正切函数的主值	反余切函数的主值
函　数	$y = \arcsin x$	$y = \arccos x$	$y = \arctan x$	$y = \text{arccot}\, x$
定义域	$[-1, 1]$	$[-1, 1]$	R	R
值　域	$\left[-\dfrac{\pi}{2}, \dfrac{\pi}{2}\right]$	$[0, \pi]$	$\left(-\dfrac{\pi}{2}, \dfrac{\pi}{2}\right)$	$(0, \pi)$
图　像				
性　质	奇函数，单调增加，有界	单调减少，有界	奇函数，单调增加，有界	单调减少，有界

1.2.2　复合函数

我们先给一个例子，设 $y = \sin u$，而 $u = 3x$，以 $3x$ 代替 $y = \sin u$ 中的 u，得 $y = \sin 3x$. 称函数 $y = \sin 3x$ 是由 $y = \sin u$ 与 $u = 3x$ 复合而成的复合函数. 必须注意，并不是任意两个函数都可以复合，如 $y = \arccos u$ 和 $u = x^2 + 2$ 在实数范围内就不能复合.

定义 1.2.2　如果 y 是 u 的函数 $y = f(u)$，u 是 x 的函数 $u = \varphi(x)$，函数 $u = \varphi(x)$ 的值域与函数 $y = f(u)$ 的定义域的交集非空，那么通过 u 将 y 表示成 x 的函数，即 $y = f[\varphi(x)]$，就叫做 x 的**复合函数**，其中 u 叫做中间变量.

复合函数也可以由两个以上的函数经过复合构成. $y = \sqrt{u}$，$u = \ln v$，$v = x^2 + 1$，则得复合函数 $y = \sqrt{\ln (x^2 + 1)}$.

例 1.2.1　指出下列函数的复合过程：

（1）$y = (3x + 5)^{10}$；　　　　　　　（2）$y = \arccos \sqrt{x + 1}$；

（3）$y = \lg(2 + \tan^2 x)$.

解　从复合函数的定义知：

（1）$y = (3x + 5)^{10}$ 可以看成由 $y = u^{10}$，$u = 3x + 5$ 复合而成；

（2）$y = \arccos \sqrt{x + 1}$ 可以看成由 $y = \arccos u$，$u = \sqrt{v}$，$v = x + 1$ 复合而成；

（3）$y = \lg(2 + \tan^2 x)$ 可以看成由 $y = \lg u$，$u = 2 + v^2$，$v = \tan x$ 复合而成.

例 1.2.2　设 $f(x)$ 的定义域为 $[1, 2]$，求 $f(x - 1)$ 的定义域.

解　由于 $f(u)$ 的定义域为 $[1, 2]$，即 $1 \leqslant u \leqslant 2$，令 $u = x - 1$，则 $1 \leqslant x - 1 \leqslant 2$，即 $2 \leqslant x \leqslant 3$. 因此 $f(x - 1)$ 的定义域为 $[2, 3]$.

1.2.3　初等函数

定义 1.2.3　由基本初等函数经过有限次的四则运算与有限次的复合运算所得到的能用一个解析式表示的函数称为**初等函数**.

例如函数

$$y = \sqrt{1 + x^2}, \quad y = 3\sin\left(2x + \frac{2}{3}\pi\right), \quad y = x^{2\sin x} - \frac{1}{x} - \log_2(1 + 2x^2)$$

都是初等函数，而分段函数

$$f(x) = \begin{cases} \sin x + 1 & x \leqslant 0 \\ \cos x - 1 & x > 0 \end{cases}$$

它不能用一个解析式表示，所以不是初等函数.

习题 1.2

1. 设 $f(x)$ 的定义域为 $(0, 1)$，求 $f(2x + 1)$ 的定义域.

2. 设

$$\varphi(x) = \begin{cases} |x| & |x| < 1 \\ 0 & |x| \geqslant 1 \end{cases}$$

求 $\varphi(-2)$，$\varphi\left(-\dfrac{1}{5}\right)$，$\varphi\left(-\dfrac{1}{2}\right)$，并作出函数 $y=\varphi(x)$ 的图形.

3. 指出下列函数的复合过程:

（1） $y=\sqrt{2-x^2}$；　　　　　　（2） $y=\tan\sqrt{1+x}$；

（3） $y=\sin 2x$；　　　　　　　　（4） $y=(2x+1)^{10}$.

4. 设 $f(x+1)=x^2-2$，求 $f(x)$.

1.3　数学建模概述

随着科学技术的迅速发展和计算机的日益普及，人们对各种问题的要求越来越精确，数学越来越渗透于其他学科和领域，人们对数学建模的研究也越来越广泛和深入. 数学建模已经广泛应用于国民经济的各个领域.

1.3.1　数学模型的基本概念

什么是数学模型？简言之，数学模型就是为了某种目的，用字母、数字及其他数学符号建立起来的等式或不等式，以及图表、图形、框图等描述客观事物的特征及其内在联系的数学结构表达式.

一般地说，数学建模可以描述为：对于现实世界的一个特定对象，为了一个特定目的，根据特有的内在规律，做出一些必要的简化假设，运用适当的数学工具，得到的一个数学结构. 数学结构可以是数学公式、算法、表格、图示等. 例如，在物体做自由落体运动时，其高度 h 与时间 t 的函数关系式 $h=\dfrac{1}{2}gt^2$ 就是一个简单的数学模型.

1.3.2　数学建模的一般步骤

数学建模注重的是建模的方法和过程，一般的建模步骤如下.

1. 模型准备

在建模前应对实际背景有尽可能深入的了解，明确所要解决问题的目的和要求，收集必要的数据.

2. 模型假设

在充分消化信息的基础上，将实际问题理想化、简单化、线性化，紧紧抓住问题的本质和主要因素，做出既合情合理，又便于数学处理的假设.

3. 模型建立

在建模时注意以下几点：

（1）用数学语言描述问题；

（2）根据变量类型及问题目标，选择适当的数学工具；

（3）注意模型的完整性和正确性；

（4）模型要充分简化，以便于求解；同时要保证模型与实际问题有足够的贴近度.

4. 模型求解

建立数学模型之后，对于简单的问题可以人工求解；而对于较复杂的问题，则需要利用数学工具软件和计算机对其进行求解.

5. 模型检验与分析

模型建立后，可能需要进行以下检验分析：

（1）结果检验，将求解结果"翻译"回实际问题中，检验结果的合理性和正确性；

（2）敏感性分析，分析目标函数对各变量变化的敏感性；

（3）稳定性分析，分析模型对参数变化的"容忍"程度；

（4）误差分析，对近似计算结果的误差做出估计.

概括地说，数学建模是一个迭代的过程，其一般步骤可以用流程图（图1.8）表示.

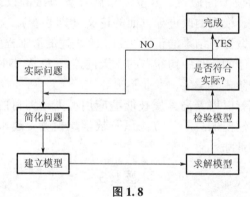

图 1.8

例 1.3.1 在金融业务中有一种利息叫做单利. 设 p 是本金，r 是计息期的利率，c 是计息期满应付的利息，n 是计息期数，I 是 n 个计息期（即借期或存期）应付的单利，A 是本利和. 求本利和 A 与计息期数 n 的函数模型.

解 计息期的利率 $=\dfrac{\text{计算期满的利息}}{\text{本金}}$，即 $r=\dfrac{c}{p}$. 由此得

$$c=pr$$

单利与计算期数成正比，即 n 个计算期应付的单利 I 为

$$I=cn$$

因为

$$c=pr$$

所以

$$I=prn$$

本利和为

$$A=p+I$$

即
$$A = p + prn$$
可得本利和与计算期数的函数关系，即单利模型
$$A = p(1 + rn)$$

1.3.3 全国大学生数学建模竞赛简介

全国大学生数学建模竞赛（简称 CUMCM）创办于 1992 年，由教育部高等教育司和中国工业与应用数学学会共同主办，每年一届．竞赛以培养学生创新思维、综合应用能力、团队精神、解决实际问题的能力以及提高学生素质为目的．目前全国大学生数学建模竞赛已经发展成为全国高校规模最大的基础性学科竞赛，也是世界上规模最大的数学建模竞赛．2016 年，来自全国 33 个省/市/区（包括香港和澳门）及新加坡的 1367 所院校、31199 个队（本科 28046 队、专科 3153 队）、93000 多名大学生报名参加本项竞赛．

竞赛题目一般来源于工程技术和管理科学等方面经过适当简化加工的实际问题，不要求参赛者预先掌握深入的专门知识，只需要学过普通高校的数学课程．题目有较大的灵活性供参赛者发挥创造能力，参赛者应根据题目的要求完成一篇包括模型的假设、建立、求解计算方法的设计和计算机实现、结果的分析和检验、模型的改进等方面的论文（即答卷）．竞赛评奖以假设的合理性，建模的创造性、结果的正确性和文字表述的清晰程度为主要标准．

竞赛一般在每年的 9 月中旬左右的 3 天内连续 72 个小时举行，大学生以队为单位参赛，每队 3 名学生，专业不限．

近几年来，随着以培养高素质技能型应用型人才为目的的高等职业教育的蓬勃发展，数学建模的思想、方法以及数学建模竞赛越来越受到高等职业教育学生的重视和青睐．

习题 1.3

1．1982 年年底，我国的人口为 10.3 亿，如果不实行计划生育政策，按照年均 2% 的自然增长率计算，那么到 2020 年年底，我国人口将是多少？若人口基数为 p_0，人口自然增长率为 r，你能建立一个人口模型吗？

2．什么是数学建模？数学建模的基本步骤有哪些？

3．通过学习数学模型，请你举出一个社会、经济、生活和生产中运用数学模型解决实际问题的例子．

复习题一

1．选择题

（1）下列各对函数中表示同一函数的是（ ）．

A. $f(x) = x$，$g(x) = \dfrac{x}{x^2}$ B. $f(x) = 1$，$g(x) = \sin^2 x + \cos^2 x$

C. $f(x)=1$，$g(x)=\dfrac{x}{x}$ D. $f(x)=\sqrt{\dfrac{x-1}{x+1}}$，$g(x)=\dfrac{\sqrt{x-1}}{\sqrt{x+1}}$

（2）下列函数中既是奇函数又是单调增加的函数是（   ）.

A. $f(x)=\sin^3 x$ B. $f(x)=x^3+2$

C. $f(x)=x^3+x$ D. $f(x)=x^3-x$

（3）$y=\sqrt{\ln(x-1)}$ 的定义域为（   ）.

A. $[2,+\infty)$ B. $(-\infty,1]$

C. $(1,2)$ D. $(1,2]$

（4）函数 $y=\dfrac{e^x+e^{-x}}{2}$ 的奇偶性为（   ）.

A. 奇函数   B. 偶函数

C. 既奇又偶函数   D. 非奇非偶函数

（5）函数 $y=\cos(x-1)$ 的周期为（   ）.

A. $T=\pi$ B. $T=2\pi$

C. $T=\dfrac{\pi}{2}$ D. $T=\dfrac{3\pi}{2}$

（6）下列关于绝对值函数 $y=|x|=\begin{cases} x, & x\geqslant 0 \\ -x, & x<0 \end{cases}$ 的说法错误的是（   ）.

A. 是偶函数   B. 定义域是 $(-\infty,+\infty)$

C. 值域是 $[0,+\infty)$ D. 是奇函数

2. 填空题

（1）通常表示函数的三种方法有_____、_____和_____.

（2）函数 $y=\sqrt{x-2}+\sqrt{3-x}$ 的定义域为_____.

（3）设 $f(x+1)=x^2+e^x+2$，则 $f(x)=$_____.

（4）$f(x)=\begin{cases} x+1 & x\leqslant 0 \\ 2^x & x>0 \end{cases}$，则 $f(0)=$_____，$f(-2)=$_____，

$f(2)=$_____.

（5）若 $f(x)$ 的定义域为 $[0,1]$，则 $f(x^2)$ 的定义域为_____.

（6）函数 $y=x^2$ 在区间 $(-1,0)$ 的单调性为_____.

（7）若 $f(x)=\begin{cases} x+1 & x>0 \\ \pi & x=0 \\ 0 & x<0 \end{cases}$，则 $f\{f[f(-1)]\}=$_____.

（8）函数 $y=2^{\cos x}$ 是由_____复合而成的.

3. 判断题

（1）分段函数 $y=\begin{cases} 2\sqrt{x} & 0\leqslant x\leqslant 1 \\ 1+x & x>1 \end{cases}$ 的定义域为 $[0,+\infty)$. （   ）

（2）函数 $y=1+\sin x$ 是奇函数. （   ）

（3）$\arcsin 1=\dfrac{\pi}{2}$. （   ）

（4）$y = \ln u$，$u = -2 + \sin^2 x$ 可以构成复合函数.   （ ）

（5）函数 $f(x) = x$ 与 $g(x) = \sqrt{x^2}$ 不是同一个函数.   （ ）

（6）函数 $y = \lg x$ 在区间 $(0, +\infty)$ 是单调增加的.   （ ）

4. 求函数 $y = \arctan x + \sqrt{1 - |x|}$ 的定义域.

5. 指出下列函数在给定区间上的单调性.

（1）$y = x^2$，$x \in (-1, 0)$；   （2）$y = \ln x$，$x \in (0, +\infty)$；

（3）$y = e^x$，$x \in R$；   （4）$y = \sin x$，$x \in \left(-\dfrac{\pi}{2}, \dfrac{\pi}{2} \right)$.

6. 指出下列函数是由哪些基本初等函数复合而成的.

（1）$y = \sin \sqrt{x}$； （2）$y = (\ln \sqrt{x})^2$； （3）$y = e^{\arctan x}$.

7. 某商品每件价格为 80 元时，每天可售出 50 件，如果每件按 100 元定价出售时，每天可售出 30 件. 如果售出的件数与价格是一次函数，试求这个函数.

8. 火车站收取行李费的规定如下：当行李不超过 50kg 按基本运费计算，如从北京到某地每千克收费 0.30 元；当超过 50kg 时，超重部分按每千克收费 0.45 元. 试求某地的行李费 y（单位：元）与行李重量 x（单位：kg）之间的函数关系，并画出该函数的图形.

阅读与欣赏（一）

欧 几 里 得

欧几里得（约公元前325—公元前265），古希腊著名数学家、欧氏几何学开创者，被称为"几何之父"．他活跃于托勒密一世（公元前323—公元前283）时期的亚历山大里亚，他最著名的著作《几何原本》是欧洲数学的基础，提出五大公设，欧几里得几何，被广泛地认为是历史上最成功的教科书．欧几里得也写了一些关于透视、圆锥曲线、球面几何学及数论的作品．

欧几里得年轻时，曾经在雅典的柏拉图科学院求学，受到了十分良好的教育．在欧几里得之前，数学中的几何学是十分零散的，没有完整的体系，就如同一堆砖头、水泥、木材一样，而欧几里得经过总结和分析归纳，加上自己的认识给予发展创新，把它建成为一座美丽壮观的几何学大厦．

公元前300年左右，他受到埃及国王托勒密一世的邀请，前往埃及的海滨城市亚历山大城主持数学教学，主要教授几何学．雅典良好的学术气氛的熏陶，使他兼收并蓄，因而知识渊博．对待几何学教学，他勤恳耐心，兢兢业业，善于培养人才．几年之后，他的声名远播，使得亚历山大城成为远近闻名的数学研究中心，作为数学教师，欧几里得的名字也变得格外响亮．

欧几里得言传身教，深受学生们的敬重，连埃及国王托勒密一世也时常去向他请教问题．当时的学术气氛十分浓厚，从国王到普通平民对数学都产生了极大兴趣，许多人都沉溺在探索数学王国的快乐中．有一次，国王托勒密在演算一道几何题时，被这道几何题搞得头昏脑胀．他来到欧几里得的卧室，寒暄了几句之后，询问欧几里得："可不可以把几何搞得简单一点，除了《几何原本》之外，还有没有学习几何的捷径可走？"欧几里得在国王面前，一点也没有去讨好的意思，而是斩钉截铁地说："几何无王者之道！"（意思是：陛下，几何学里没有专门为您开辟的大道！）这句话一直流传到今天，许多人把它当作学习几何的箴言．在西方，有人把它浓缩成"求知无坦途"的格言警句，提醒那些不愿付出艰辛，想走捷径去获得成功的人．

第2章

极限与连续

本章目标 >>

本章主要介绍极限与连续的相关知识. 通过本章的学习, 要求学生理解极限的概念与性质; 掌握极限的运算法则; 掌握两个重要极限; 理解无穷大和无穷小的概念和性质; 理解函数连续性概念及闭区间上连续函数的性质; 理解间断点的概念, 掌握间断点的判断方法.

☆★☆

高等数学的核心内容是微积分, 微积分中导数、定积分等重要的概念都是在研究极限的基础上建立起来的. 本章主要学习极限的概念、运算法则, 在此基础上建立函数连续性的概念, 讨论连续函数的性质.

2.1 极限的概念

极限的思想是由于求某些实际问题的精确解而产生的. 例如, 我国古代数学家刘徽 (公元 3 世纪) 利用圆内接正多边形来推算圆面积的方法——割圆术, "割之弥细, 所失弥少, 割之又割, 以至于不可割, 则与圆周合体而无所失矣", 就是极限思想在几何学上的应用. 又如, 春秋战国时期的哲学家庄子 (公元前 4 世纪) 在《庄子·天下篇》中有一段名言: "一尺之棰, 日取其半, 万世不竭", 其中也隐含了深刻的极限思想.

本节研究函数的极限和极限的性质.

2.1.1 函数极限

在实践生活中, 经常需要研究在自变量的某一变化过程中, 对应的函数值的变化趋势问题. 如果在自变量的某一变化过程中, 对应的函数值无限接近于某个确定的数, 那么这个确定的数就称为在该自变量变化过程中函数的极限.

1. 当 $x \to \infty$ 时的极限

定义 2.1.1　设函数 $y = f(x)$ 在 $(a, +\infty)$ 内有定义（a 为常数），若当 x 无限增大（$x \to +\infty$）时，函数 $f(x)$ 无限地趋近于一个确定的常数 A，则称 A 为 $f(x)$ 当 $x \to +\infty$ 时的**极限**，记作

$$\lim_{x \to +\infty} f(x) = A \quad \text{或} \quad f(x) \to A (x \to +\infty)$$

例 2.1.1　根据函数图像，考察 $y = \dfrac{1}{x}$ 当 $x \to +\infty$ 时的极限.

解　作出函数 $y = \dfrac{1}{x}$ 的图像（图 2.1），可以看到当 x 无限增大时，函数 $y = \dfrac{1}{x}$ 无限地趋近于 0，所以 $\lim\limits_{x \to +\infty} \dfrac{1}{x} = 0$.

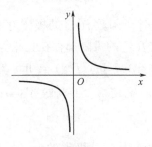

图 2.1

类似地，我们可得函数当 $x \to -\infty$ 时的极限.

定义 2.1.2　设函数 $y = f(x)$ 在 $(-\infty, a)$ 内有定义（a 为常数），若当 $x < 0$，且 $|x|$ 无限增大（$x \to -\infty$）时，函数 $f(x)$ 无限地趋近于一个确定的常数 A，则称 A 为 $f(x)$ 当 $x \to -\infty$ 时的**极限**，记作

$$\lim_{x \to -\infty} f(x) = A \quad \text{或} \quad f(x) \to A (x \to -\infty)$$

由图 2.1 可见，$\lim\limits_{x \to -\infty} \dfrac{1}{x} = 0.$

定义 2.1.3　函数 $y = f(x)$ 在 $|x| > M$（M 为某一正数）时有定义，若当 $|x|$ 无限增大（$x \to \infty$）时，函数 $f(x)$ 无限地趋近于一个确定的常数 A，则称 A 为 $f(x)$ 当 $x \to \infty$ 时的**极限**，记作

$$\lim_{x \to \infty} f(x) = A \quad \text{或} \quad f(x) \to A (x \to \infty)$$

由图 2.1 可见，$\lim\limits_{x \to \infty} \dfrac{1}{x} = 0.$

例 2.1.2　根据函数图像，考察 $y = \arctan x$ 当 $x \to +\infty$，$x \to -\infty$ 以及 $x \to \infty$ 时的极限.

解　作出函数 $y = \arctan x$ 的图像可以看到当 $x \to +\infty$ 时，函数 $y = \arctan x$ 的图像无限地趋近于 $\dfrac{\pi}{2}$，所以 $\lim\limits_{x \to +\infty} \arctan x = \dfrac{\pi}{2}$；当 $x \to -\infty$ 时，函数 $y = \arctan x$ 的图像无限地趋近于 $-\dfrac{\pi}{2}$，所以 $\lim\limits_{x \to -\infty} \arctan x = -\dfrac{\pi}{2}$；因此，当 $|x|$

无限增大时，函数 $y = \arctan x$ 不可能无限地趋近于某一个常数，即 $\lim\limits_{x \to \infty} \arctan x$ 不存在.

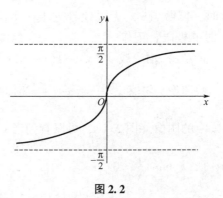

图 2.2

定理 2.1.1 当 $x \to \infty$ 时，函数 $f(x)$ 的极限存在的充分必要条件是当 $x \to +\infty$ 时和 $x \to -\infty$ 时函数 $f(x)$ 的极限都存在且相等，即

$$\lim_{x \to \infty} f(x) = A \Leftrightarrow \lim_{x \to +\infty} f(x) = \lim_{x \to -\infty} f(x) = A$$

讨论：请作出函数 $y = e^x$ 的图形，并判断当 $x \to \infty$ 时的极限是否存在？

2. 当 $x \to x_0$ 时的极限

为了便于理解 $x \to x_0$ 时函数 $f(x)$ 极限的定义，我们先从图形上观察两个具体的函数.

由图 2.3 可见，当 $x \to 1$ 时，$y = x + 1$ 无限接近于 2；

由图 2.4 可见，当 $x \to 1$ 时，$y = \dfrac{x^2 - 1}{x - 1}$ 无限接近于 2.

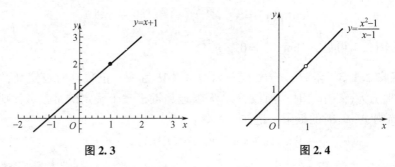

图 2.3   图 2.4

函数 $y = x + 1$ 与 $y = \dfrac{x^2 - 1}{x - 1}$ 是两个不同的函数，前者在 $x = 1$ 处有定义，后者在 $x = 1$ 处无定义. 这就是说，当 $x \to 1$ 时，函数 $y = x + 1$ 与 $y = \dfrac{x^2 - 1}{x - 1}$ 的极限是否存在与其在 $x = 1$ 处是否有定义无关.

定义 2.1.4 设函数 $y = f(x)$ 在点 x_0 的某个去心邻域内有定义，若当自变量 x 无限接近于 x_0，即 $x \to x_0$ 时，函数无限地趋近于一个确定的常数 A，则称 A 是函数 $f(x)$ 当 $x \to x_0$ 时的**极限**，记作

$$\lim_{x \to x_0} f(x) = A \quad \text{或} \quad f(x) \to A (x \to x_0)$$

由定义 2.1.4 可知，$\lim_{x \to 1} (x+1) = 2$，$\lim_{x \to 1} \dfrac{x^2-1}{x-1} = 2$.

3. 左、右极限

在 $x \to x_0$ 时，有两种变化过程：当 x 只从小于 x_0 的方向无限趋向于 x_0（即 x 从 x_0 的左侧无限趋向于 x_0）时记作 $x \to x_0^-$；或者，当 x 只从大于 x_0 的方向无限趋向于 x_0（即 x 从 x_0 的右侧无限趋向于 x_0）时记作 $x \to x_0^+$. 由此引入了函数的"左、右极限"的概念.

定义 2.1.5 设函数 $f(x)$ 在 x_0 某个左（或右）邻域内有定义，若 x 从小于（或大于）x_0 的方向趋近于 x_0（即 $x \to x_0^-$ 或 $x \to x_0^+$）时，函数 $f(x)$ 无限地趋近于一个确定的常数 A，则称 A 为函数 $f(x)$ 在点 x_0 处的左（右）极限，记作

$$\lim_{x \to x_0^-} f(x) = A \quad \text{或} \quad f(x) \to A (x \to x_0^-)$$

$$\lim_{x \to x_0^+} f(x) = A \quad \text{或} \quad f(x) \to A (x \to x_0^+)$$

讨论： 已知符号函数 $y = \operatorname{sgn}x = \begin{cases} 1 & x > 0 \\ 0 & x = 0 \\ -1 & x < 0 \end{cases}$，试讨论该函数在点 $x = 0$ 处的左、右极限以及当 $x \to 0$ 时的极限.

定理 2.1.2 当 $x \to x_0$ 时，函数 $f(x)$ 的极限存在的充分必要条件是左极限和右极限都存在且相等，即

$$\lim_{x \to x_0} f(x) = A \Leftrightarrow \lim_{x \to x_0^-} f(x) = \lim_{x \to x_0^+} f(x) = A$$

例 2.1.3 设函数 $f(x) = \begin{cases} 2x^2 + 1 & x \geqslant 2 \\ 5x - 1 & x < 2 \end{cases}$，求 $\lim_{x \to 2^+} f(x)$，$\lim_{x \to 2^-} f(x)$，并由此判断 $\lim_{x \to 2} f(x)$ 是否存在.

解 $\lim_{x \to 2^+} f(x) = \lim_{x \to 2^+} (2x^2 + 1) = 9$

$\lim_{x \to 2^-} f(x) = \lim_{x \to 2^-} (5x - 1) = 9$

因为 $\lim_{x \to 2^+} f(x) = \lim_{x \to 2^-} f(x) = 9$，由定理 2.1.2 知，所以 $\lim_{x \to 2} f(x) = 9$.

*2.1.2 极限的性质

下面不加证明地给出几个极限的性质，这些性质在一些理论证明中经常用到.

性质 2.1.1（唯一性） 若极限 $\lim_{x \to x_0} f(x)$ 存在，则它是唯一的.

性质 2.1.2（局部有界性） 若 $\lim_{x \to x_0} f(x)$ 存在，则存在 x_0 的某去心邻域 $\overset{\circ}{U}(x_0)$，使得 $f(x)$ 在 $\overset{\circ}{U}(x_0)$ 内有界.

性质 2.1.3(局部保号性)　若 $\lim\limits_{x\to x_0}f(x)>0$（或 $\lim\limits_{x\to x_0}f(x)<0$），则对 $x\in \overset{\circ}{U}(x_0,\delta)$，总有 $f(x)>0$（或 $f(x)<0$）.

　　注：将上面性质中的 $x\to x_0$ 改成自变量的其他变化趋势，仍有类似的性质.

习题 2.1

1. 根据函数图形，考察当 $x\to-\infty$ 时函数 $y=2^x$ 的极限.

2. 求 $\lim\limits_{x\to 0}|x|$.

3. 设函数 $f(x)=\begin{cases} x+4 & x<1 \\ 2x-1 & x\geqslant 1 \end{cases}$，作出函数图形，求 $\lim\limits_{x\to 1^-}f(x)$ 及 $\lim\limits_{x\to 1^+}f(x)$，问 $\lim\limits_{x\to 1}f(x)$ 是否存在？

2.2　极限的四则运算

　　本节课学习极限的四则运算法则，它是求极限的最基本的方法.

　　在下面的法则中，函数 $f(x)$，$g(x)$ 是在自变量 x 的同一变化过程中，极限 $\lim f(x)$ 及 $\lim g(x)$ 都存在（这里将自变量变化过程简记为 $\lim$，表示对极限的任何一个变化过程都成立，下同），则有下列运算法则成立（证明略去）.

　　法则 2.2.1　$\lim[f(x)\pm g(x)]=\lim f(x)\pm \lim g(x)$.

　　法则 2.2.1 可以推广到有限个函数相加减的极限运算中.

　　法则 2.2.2　$\lim[f(x)g(x)]=\lim f(x)\cdot \lim g(x)$.

　　推论 2.2.1　$\lim[Cf(x)]=C\lim f(x)$（C 为常数）.

　　法则 2.2.3　$\lim\dfrac{f(x)}{g(x)}=\dfrac{\lim f(x)}{\lim g(x)}$（$\lim g(x)\neq 0$）.

　　例 2.2.1　求极限 $\lim\limits_{x\to 2}(5x-3)$.

　　解　$\lim\limits_{x\to 2}(5x-3)=\lim\limits_{x\to 2}5x-\lim\limits_{x\to 2}3=10-3=7.$

　　例 2.2.2　求极限 $\lim\limits_{x\to 1}\dfrac{x^2+5}{x^2-x+6}$.

　　解　因为当 $x\to 1$ 时分母的极限不为零，所以可运用法则 2.2.3

$$\lim_{x\to 1}\frac{x^2+5}{x^2-x+6}=\frac{\lim\limits_{x\to 1}(x^2+5)}{\lim\limits_{x\to 1}(x^2-x+6)}=\frac{\lim\limits_{x\to 1}x^2+\lim\limits_{x\to 1}5}{\lim\limits_{x\to 1}x^2-\lim\limits_{x\to 1}x+\lim\limits_{x\to 1}6}=\frac{6}{6}=1$$

　　例 2.2.3　求极限 $\lim\limits_{x\to 3}\dfrac{x^2-3x}{x^2-2x-3}$.

　　解　因为当 $x\to 3$ 时，分子分母的极限都为 0，所以不能直接运用法则 2.2.3，又因分子分母有公因式 $x-3$，而当 $x\to 3$ 时，有 $x\neq 3$，即 $x-3\neq 0$，可

约去这个不为零的公因式 $x-3$，则有

$$\lim_{x\to3}\frac{x^2-3x}{x^2-2x-3}=\lim_{x\to3}\frac{x(x-3)}{(x+1)(x-3)}=\lim_{x\to3}\frac{x}{x+1}=\frac{3}{3+1}=\frac{3}{4}$$

例 2.2.4 求极限 $\lim\limits_{x\to0}\dfrac{\sqrt{x+1}-1}{x}$.

解 因为当 $x\to0$ 时，分母极限为零，所以不能直接法则 2.2.3，先恒等变形，将分子有理化后，再计算有

$$\lim_{x\to0}\frac{\sqrt{x+1}-1}{x}=\lim_{x\to0}\frac{(\sqrt{x+1}-1)(\sqrt{x+1}+1)}{x(\sqrt{x+1}+1)}=\lim_{x\to0}\frac{1}{\sqrt{x+1}+1}=\frac{1}{2}$$

例 2.2.5 求极限 $\lim\limits_{x\to1}\left(\dfrac{1}{x-1}-\dfrac{2}{x^2-1}\right)$.

解 因为 $x\to1$ 时，括号中两项分母极限为零，所以不能直接用法则，先通分恒等变形，再计算有

$$\lim_{x\to1}\left(\frac{1}{x-1}-\frac{2}{x^2-1}\right)=\lim_{x\to1}\frac{x+1-2}{(x-1)(x+1)}=\lim_{x\to1}\frac{1}{x+1}=\frac{1}{2}$$

例 2.2.6 求极限 $\lim\limits_{x\to\infty}\dfrac{2x^3+3x-4}{5x^3-x^2+2}$.

解 因为 $x\to\infty$ 时，分子、分母的极限都不存在，所以不能直接用法则 2.2.3，利用 $\lim\limits_{x\to\infty}\dfrac{1}{x}=0$，将分子分母同除以 x 的最高次幂 x^3，再利用极限商的运算法则有

$$\lim_{x\to\infty}\frac{2x^3+3x-4}{5x^3-x^2+2}=\lim_{x\to\infty}\frac{2+\dfrac{3}{x^2}-\dfrac{4}{x^3}}{5-\dfrac{1}{x}+\dfrac{2}{x^3}}=\frac{2+0-0}{5-0+0}=\frac{2}{5}$$

例 2.2.7 求极限 $\lim\limits_{x\to\infty}\dfrac{2x^2+3x-4}{5x^3-x^2+2}$.

解 用 x 的最高次幂 x^3 同除分子分母，有

$$\lim_{x\to\infty}\frac{2x^2+3x-4}{5x^3-x^2+2}=\lim_{x\to\infty}\frac{\dfrac{2}{x}+\dfrac{3}{x^2}-\dfrac{4}{x^3}}{5-\dfrac{1}{x}+\dfrac{2}{x^3}}=\frac{0+0-0}{5-0+0}=0$$

例 2.2.8 求极限 $\lim\limits_{x\to\infty}\dfrac{2x^3+3x-4}{5x^2-x+2}$.

解 用 x 的最高次幂 x^3 同除分子分母，有

$$\lim_{x\to\infty}\frac{2x^3+3x-4}{5x^2-x+2}=\lim_{x\to\infty}\frac{2+\dfrac{3}{x^2}-\dfrac{4}{x^3}}{\dfrac{5}{x}-\dfrac{1}{x^2}+\dfrac{2}{x^3}}=\infty$$

分析例 2.2.6、2.2.7、2.2.8 的特点和结果，一般地，可得当 $x\to\infty$ 时有理分式函数的极限

$$\lim_{x \to \infty} \frac{a_0 x^m + a_1 x^{m-1} + \cdots + a_m}{b_0 x^n + b_1 x^{n-1} + \cdots + b_n} = \begin{cases} \dfrac{a_0}{b_0} & m = n \\ 0 & m < n \\ \infty & m > n \end{cases}$$

其中，m，$n \in N$，$a_0 \neq 0$，$b_0 \neq 0$.

习题 2.2

1. 求下列极限

（1）$\lim\limits_{x \to -2} (2x^4 - 3x^2 + x - 6)$；　　　　（2）$\lim\limits_{x \to 2} \dfrac{x^2 + 1}{x^2 - 3}$；

（3）$\lim\limits_{x \to 1} \dfrac{x^2 + x - 2}{x^2 - 4x + 3}$；　　　　（4）$\lim\limits_{x \to \infty} \dfrac{3x^2 - x + 1}{(2x - 1)(5x + 3)}$；

（5）$\lim\limits_{x \to \infty} \dfrac{x^2 + 5x^4}{2 + x^6}$；　　　　（6）$\lim\limits_{x \to 1} \dfrac{\sqrt{1 + x} - \sqrt{3 - x}}{x^2 - 1}$.

2.3　两个重要极限

两个重要极限是计算函数极限的一种常用工具，本节课主要介绍用这两个重要极限解决一些具体函数的极限问题.

2.3.1　第一个重要极限 $\lim\limits_{x \to 0} \dfrac{\sin x}{x} = 1$

当 $x \to 0$ 时，列表 $2 - 1$ 观察函数 $\dfrac{\sin x}{x}$ 的变化趋势：

表 2 - 1　当 $x \to 0$ 时，$\dfrac{\sin x}{x}$ 的变化趋势

x（弧度）	0.50	0.10	0.05	0.04	0.03	0.02	…
$\dfrac{\sin x}{x}$	0.9585	0.9983	0.9996	0.9997	0.9998	0.9999	…

可以看出，当 x 取正值趋近于 0 时，$\dfrac{\sin x}{x} \to 1$，即 $\lim\limits_{x \to 0^+} \dfrac{\sin x}{x} = 1$；同样，当 x 取负值趋近于 0 时，$-x \to 0$，$-x > 0$，$\sin(-x) > 0$. 于是

$$\lim_{x \to 0^-} \frac{\sin x}{x} = \lim_{-x \to 0^+} \frac{\sin(-x)}{(-x)}$$

综上所述，得

$$\lim_{x \to 0} \frac{\sin x}{x} = 1$$

我们称其为第一个重要极限.

为了强调其形式，我们把第一个重要极限形象地记为

$$\lim_{\square \to 0} \frac{\sin\square}{\square} = 1 \quad (\text{其中}\square\text{代表同一变量})$$

例 2.3.1 求 $\lim\limits_{x \to 0} \dfrac{\tan x}{x}$.

解 $\lim\limits_{x \to 0} \dfrac{\tan x}{x} = \lim\limits_{x \to 0} \dfrac{\dfrac{\sin x}{\cos x}}{x} = \lim\limits_{x \to 0} \dfrac{\sin x}{x} \cdot \dfrac{1}{\cos x} = \lim\limits_{x \to 0} \dfrac{\sin x}{x} \cdot \lim\limits_{x \to 0} \dfrac{1}{\cos x} = 1 \times 1 = 1$

例 2.3.2 求 $\lim\limits_{x \to 0} \dfrac{\sin 5x}{\sin 3x}$.

解 $\lim\limits_{x \to 0} \dfrac{\sin 5x}{\sin 3x} = \lim\limits_{x \to 0} \dfrac{\sin 5x}{5x} \cdot \dfrac{3x}{\sin 3x} \cdot \dfrac{5x}{3x} = \dfrac{5}{3} \lim\limits_{x \to 0} \dfrac{\sin 5x}{5x} \cdot \lim\limits_{x \to 0} \dfrac{3x}{\sin 3x} = \dfrac{5}{3}$

例 2.3.3 求 $\lim\limits_{x \to 0} \dfrac{1 - \cos x}{x^2}$.

解 $\lim\limits_{x \to 0} \dfrac{1 - \cos x}{x^2} = \lim\limits_{x \to 0} \dfrac{2\sin^2 \dfrac{x}{2}}{x^2} = \lim\limits_{x \to 0} \dfrac{2\sin^2 \dfrac{x}{2}}{4\left(\dfrac{x}{2}\right)^2} = \dfrac{1}{2}\left(\lim\limits_{x \to 0} \dfrac{\sin \dfrac{x}{2}}{\dfrac{x}{2}}\right)^2 = \dfrac{1}{2}$

例 2.3.4 求 $\lim\limits_{x \to 0} \dfrac{\arcsin x}{x}$.

解 令 $\arcsin x = t$，则 $x = \sin t$，且 $x \to 0$ 时 $t \to 0$，则

$$\lim_{x \to 0} \frac{\arcsin x}{x} = \lim_{t \to 0} \frac{t}{\sin t} = 1$$

2.3.2 第二个重要极限 $\lim\limits_{x \to \infty}\left(1 + \dfrac{1}{x}\right)^x = \mathrm{e}$

当 $x \to +\infty$ 时，列表 2-2 观察函数 $\left(1 + \dfrac{1}{x}\right)^x$ 的变化趋势：

表 2-2 当 $x \to +\infty$ 时，$\left(1 + \dfrac{1}{x}\right)^x$ 的变化趋势

x	1	2	10	1000	10000	100000	100000	⋯
$\left(1 + \dfrac{1}{x}\right)^x$	2	2.25	2.594	2.717	2.7181	2.7182	2.71828	⋯

可以看出，当 x 取正值并无限增大时，$\left(1 + \dfrac{1}{x}\right)^x$ 是逐渐增大的. 可以证明，当 $x \to +\infty$ 时，$\left(1 + \dfrac{1}{x}\right)^x$ 是趋近于一个确定的无理数 $\mathrm{e} = 2.718281828\cdots$.

当 $x \to -\infty$ 时，函数 $\left(1 + \dfrac{1}{x}\right)^x$ 有类似的变化趋势，只是它是逐渐减小而趋向于 e.

综上所述，得

$$\lim_{x \to \infty}\left(1 + \frac{1}{x}\right)^x = \mathrm{e}$$

极限 $\lim\limits_{x\to\infty}\left(1+\dfrac{1}{x}\right)^x = e$ 具有以下两个特点：

（1）呈现 1^∞ 的形态；

（2）公式的形式可以写成

$$\lim\limits_{\square\to\infty}\left(1+\dfrac{1}{\square}\right)^{\square} = e \quad（其中\square代表同一变量）$$

例 2.3.5 求 $\lim\limits_{x\to 0}(1+x)^{\frac{1}{x}}$.

解 令 $x = \dfrac{1}{t}$，则 $t = \dfrac{1}{x}$，当 $x\to 0$ 时，$t\to\infty$，于是

$$\lim\limits_{x\to 0}(1+x)^{\frac{1}{x}} = \lim\limits_{t\to\infty}\left(1+\dfrac{1}{t}\right)^t = e$$

这是第二个重要极限的另一种形式，请大家熟记.

例 2.3.6 求 $\lim\limits_{x\to\infty}\left(1+\dfrac{1}{2x}\right)^x$.

解 $\lim\limits_{x\to\infty}\left(1+\dfrac{1}{2x}\right)^x = \lim\limits_{x\to\infty}\left(1+\dfrac{1}{2x}\right)^{2x\cdot\frac{1}{2}} = \left[\lim\limits_{x\to\infty}\left(1+\dfrac{1}{2x}\right)^{2x}\right]^{\frac{1}{2}} = e^{\frac{1}{2}} = \sqrt{e}$

例 2.3.7 求 $\lim\limits_{x\to\infty}\left(1-\dfrac{1}{x}\right)^x$.

解 $\lim\limits_{x\to\infty}\left(1-\dfrac{1}{x}\right)^x = \lim\limits_{x\to\infty}\left[\left(1+\dfrac{1}{-x}\right)^{-x}\right]^{-1} = e^{-1}$.

例 2.3.8 求 $\lim\limits_{x\to 0}\dfrac{\ln(x+1)}{x}$.

解 $\lim\limits_{x\to 0}\dfrac{\ln(x+1)}{x} = \lim\limits_{x\to 0}\left[\dfrac{1}{x}\cdot\ln(x+1)\right] = \lim\limits_{x\to 0}\ln(x+1)^{\frac{1}{x}} = \ln\lim\limits_{x\to 0}(x+1)^{\frac{1}{x}} = \ln e$
$= 1$

习题 2.3

1. 计算下列极限

（1）$\lim\limits_{x\to\infty}\dfrac{\sin 3x}{\sin 2x}$；

（2）$\lim\limits_{x\to 0}\dfrac{\tan 3x}{x}$；

（3）$\lim\limits_{x\to 0}\left(1+\dfrac{1}{x}\right)^{2x}$；

（4）$\lim\limits_{t\to\infty}\left(1-\dfrac{2}{t}\right)^t$；

（5）$\lim\limits_{x\to 0}\left(1+\dfrac{x}{2}\right)^{\frac{1}{x}}$；

（6）$\lim\limits_{x\to 0}\dfrac{\ln(1+2x)}{x}$.

2.4 无穷小量与无穷大量

无穷小量与无穷大量是两个具有重要地位的特殊变量. 本节介绍无穷小量的概念、性质及无穷小量的比较，以及无穷大量的概念.

2.4.1 无穷小量

1. 无穷小量的定义

定义 2.4.1 如果在自变量 x 的某一变化趋势下，函数 $f(x)$ 的极限为零，则称函数 $y = f(x)$ 为自变量这种变化趋势下的**无穷小量**，简称为**无穷小**.

例如，因为 $\lim\limits_{x \to 1}(x - 1) = 0$，所以 $f(x) = x - 1$ 是当 $x \to 1$ 时的无穷小；又因为 $\lim\limits_{x \to \infty}\dfrac{1}{x} = 0$，所以 $f(x) = \dfrac{1}{x}$ 是当 $x \to \infty$ 时的无穷小.

注：无穷小是极限为 0 的变量，而不是绝对值很小的常数. 例如，常数 0.001 不是无穷小，这是因为无论 x 的变化趋势如何，0.001 的极限都是 0.001. 在常数中，只有 0 是无穷小量.

例 2.4.1 自变量 x 在怎样的变化过程中，下列函数为无穷小：

(1) $y = \dfrac{1}{x - 1}$ (2) $y = 2x + 1$

(3) $y = e^x$ (4) $y = \left(\dfrac{1}{2}\right)^x$

解 (1) 因为 $\lim\limits_{x \to \infty}\dfrac{1}{x - 1} = 0$，所以 $\dfrac{1}{x - 1}$ 是 $x \to \infty$ 时的无穷小量；

(2) 因为 $\lim\limits_{x \to -\frac{1}{2}}(2x + 1) = 0$，所以 $2x + 1$ 是 $x \to -\dfrac{1}{2}$ 时的无穷小量；

(3) 因为 $\lim\limits_{x \to -\infty} e^x = 0$，所以 e^x 是 $x \to -\infty$ 时的无穷小量；

(4) 因为 $\lim\limits_{x \to +\infty}\left(\dfrac{1}{2}\right)^x = 0$，所以 $\left(\dfrac{1}{2}\right)^x$ 是 $x \to +\infty$ 时的无穷小量.

2. 无穷小量的性质

性质 2.4.1 有限个无穷小的代数和还是无穷小.

性质 2.4.2 有限个无穷小的乘积仍然是一个无穷小.

性质 2.4.3 有界函数与无穷小的乘积还是无穷小.

例 2.4.2 求 $\lim\limits_{x \to \infty}\dfrac{\sin x}{x}$.

解 因为 $\dfrac{\sin x}{x} = \dfrac{1}{x} \cdot \sin x$，$\dfrac{1}{x}$ 是当 $x \to \infty$ 时的无穷小，$\sin x$ 是有界函数，所以根据性质 2.4.3，可知 $\lim\limits_{x \to \infty}\dfrac{\sin x}{x} = 0$.

3. 无穷小量与函数极限之间的关系

设 $\lim\limits_{x \to x_0} f(x) = A$，则当 $x \to x_0$ 时，函数 $f(x)$ 无限接近于常数 A，故当 $x \to x_0$ 时，$f(x) - A$ 无限接近于常数 0，即当 $x \to x_0$ 时，$f(x) - A$ 极限为 0，所以当 $x \to x_0$ 时，$f(x) - A$ 是无穷小量. 所以，若记 $\alpha(x) = f(x) - A$，则有 $f(x) = A + \alpha(x)$，于是有如下定理.

定理 2.4.1 $\lim\limits_{x \to x_0} f(x) = A$ 的充要条件是 $f(x) = A + \alpha(x)$，其中 $\alpha(x)$ 是当 $x \to x_0$ 时的无穷小．

以上定理，当 $x \to \infty$（$x \to +\infty$，$x \to -\infty$），$x \to x_0^+$，$x \to x_0^-$ 时也成立．

4. 无穷小量的比较

我们通过无穷小量的性质知道，两个无穷小的和、差、积仍为无穷小量，但是两个无穷小的商却会出现不同的情况．

例如，当 $x \to 0$ 时，x，$2x$，x^2 三个函数都是无穷小量，而

$$\lim\limits_{x \to 0} \frac{x^2}{2x} = 0, \quad \lim\limits_{x \to 0} \frac{x}{x^2} = \infty, \quad \lim\limits_{x \to 0} \frac{2x}{x} = 2$$

这说明两个无穷小量趋于 0 的速度是不同的．为了便于理解，我们列表 2-3 比较如下：

表 2-3　x，$2x$，x^2 趋于 0 的速度比较

x	1	0.1	0.01	0.001	…
$2x$	2	0.2	0.02	0.002	…
x^2	1	0.01	0.000 1	0.000 001	…

从表 2-3 中可以看出，在 $x \to 0$ 的过程中，$x^2 \to 0$ 比 $2x \to 0$ "快些"，反过来 $2x \to 0$ 比 $x^2 \to 0$ "慢些"，而 $x \to 0$ 与 $2x \to 0$ 的速度差不多．

定义 2.4.2 在自变量同一变化过程中，设 $\lim \alpha(x) = 0$，$\lim \beta(x) = 0$，$\alpha(x)$ 简写为 α，$\beta(x)$ 简写为 β；即 α、β 都是自变量同一变化过程中的两个无穷小量：

（1）若 $\lim \dfrac{\beta}{\alpha} = 0$，则称 β 是比 α 高阶的无穷小，记作 $\beta = o(\alpha)$；

（2）若 $\lim \dfrac{\beta}{\alpha} = \infty$，则称 β 是比 α 低阶的无穷小；

（3）若 $\lim \dfrac{\beta}{\alpha} = c \neq 0$，则称 β 与 α 是同阶无穷小；特别地，若 $\lim \dfrac{\beta}{\alpha} = 1$，则称 β 与 α 是等价无穷小，记作 $\alpha \sim \beta$．

根据上述定义，我们举例进行描述：

因为 $\lim\limits_{x \to 0} \dfrac{x^2}{x} = 0$，所以当 $x \to 0$ 时，x^2 是比 x 高阶的无穷小，所以 $x^2 = o(x)$

（$x \to 0$）；因为 $\lim\limits_{x \to 0} \dfrac{\sin x}{x} = 1$，所以 $\sin x$ 与 x 是当 $x \to 0$ 时的等价无穷小，所以 $\sin x \sim x$（$x \to 0$）．

定理 2.4.2（等价无穷小的替换原理） 设 α，β，α'，β' 是 $x \to a$ 时的无穷小，且 $\alpha \sim \alpha'$，$\beta \sim \beta'$，则当极限 $\lim\limits_{x \to a} \dfrac{\alpha'}{\beta'}$ 存在时，极限 $\lim\limits_{x \to a} \dfrac{\alpha}{\beta}$ 也存在，且

$$\lim\limits_{x \to a} \frac{\alpha}{\beta} = \lim\limits_{x \to a} \frac{\alpha'}{\beta'}.$$

由定理 2.4.1 可知, 在求某些函数乘积或商的极限时, 往往可以用等价的无穷小来代替以简化计算.

常用等价无穷小有:

当 $x \to 0$ 时, $\sin x \sim x$; $\tan x \sim x$; $\arcsin x \sim x$; $\arctan x \sim x$; $1 - \cos x \sim \dfrac{1}{2}x^2$;
$\ln(1 + x) \sim x$; $e^x - 1 \sim x$.

例 2.4.3 求 $\lim\limits_{x \to 0} \dfrac{(x + 1)\sin x}{\arcsin x}$.

解 因为 $x \to 0$ 时, $\sin x \sim x$, $\arcsin x \sim x$, 所以

$$\lim_{x \to 0} \frac{(x + 1)\sin x}{\arcsin x} = \lim_{x \to 0} \frac{(x + 1)x}{x} = \lim_{x \to 0}(x + 1) = 1$$

例 2.4.4 用等价无穷小的替换, 求 $\lim\limits_{x \to 0} \dfrac{\tan x - \sin x}{\sin^3 2x}$.

解 因为 $\tan x - \sin x = \tan x(1 - \cos x)$, 当 $x \to 0$ 时, $\sin 2x \sim 2x$, $\tan x \sim x$,
$1 - \cos x \sim \dfrac{1}{2}x^2$, 所以

$$\lim_{x \to 0} \frac{\tan x - \sin x}{\sin^3 2x} = \lim_{x \to 0} \frac{\tan x(1 - \cos x)}{\sin^3 2x} = \lim_{x \to 0} \frac{x \cdot \dfrac{1}{2}x^2}{(2x)^3} = \frac{1}{16}$$

2.4.2 无穷大量

1. 无穷大量的定义

定义 2.4.3 在自变量 x 的某一变化过程中, 函数 $f(x)$ 的绝对值 $|f(x)|$ 无限增大, 则称 $f(x)$ 为自变量 x 在这一变化过程中的**无穷大量**, 简称为**无穷大**, 记作 $\lim f(x) = \infty$.

例如, $\dfrac{1}{x}$ 是 $x \to 0$ 时的无穷大, 可记为 $\lim\limits_{x \to 0} \dfrac{1}{x} = \infty$; e^x 是 $x \to +\infty$ 时的正无穷大量, 可记为 $\lim\limits_{x \to +\infty} e^x = +\infty$; $\ln x$ 是 $x \to 0^+$ 时的负无穷大量, 可记为 $\lim\limits_{x \to 0^+} \ln x = -\infty$.

注意 (1) 无穷大是一个变量, 不是一个绝对值很大的数;

(2) $\lim f(x) = \infty$ 表示 $f(x)$ 是一个无穷大量, 并不表示 $f(x)$ 的极限存在, 事实上, 若 $\lim f(x) = \infty$, 则 $f(x)$ 为该自变量变化过程中极限是不存在的.

2. 无穷小量与无穷大量的关系

定理 2.4.3 在自变量 x 的同一变化过程中, 如果 $f(x)$ 为无穷大, 则 $\dfrac{1}{f(x)}$ 为无穷小; 反之, 如果 $f(x)$ 为无穷小, 且 $f(x) \neq 0$, 则 $\dfrac{1}{f(x)}$ 为无穷大.

例如, 当 $x \to +\infty$ 时, 2^x 为无穷大, 所以 $\dfrac{1}{2^x}$ 为无穷小; 当 $x \to 1$ 时, $(x - 1)$ 为非零无穷小, 所以 $\dfrac{1}{x - 1}$ 为无穷大.

习题 2.4

1. 下列函数中，哪些是无穷小量，哪些是无穷大量？

（1）$f(x) = \dfrac{1}{x+1}(x \to -1)$；

（2）$f(x) = \dfrac{x^2-1}{x+1}(x \to 1)$；

（3）$f(x) = x\sin\dfrac{1}{x}(x \to 0)$；

（4）$f(x) = \dfrac{1}{2x+3}(x \to \infty)$.

2. 当 $x \to 0$ 时，下列函数都是无穷小，试确定哪些是 x 的高阶无穷小？同阶无穷小？等价无穷小？

（1）$x^2 + x$；

（2）$x + \sin x$；

（3）$x - \sin x$；

（4）$1 - \cos 2x$；

（5）$x\cos x$；

（6）$\tan 2x$.

3. 求 $\lim\limits_{x \to 0} \dfrac{\arcsin x}{\sin 4x}$.

2.5 函数的连续性

在现实生活中，有许许多多连续变化的现象，如植物的生长、气温的升降等，这些现象反映到数学上就形成了连续的概念。函数的连续性是函数的重要性态之一，也是进一步研究函数的微分和积分的基础.

2.5.1 函数连续性的定义

1. 函数的增量

定义 2.5.1 设 u 是一个变量，当它的值 u_1 变到另一个值 u_2，其差 $u_2 - u_1$ 称为变量 u 的**增量**或**改变量**，记作 Δu，即 $\Delta u = u_2 - u_1$.

设函数 $y = f(x)$ 在点 x_0 的某邻域内有定义，当自变量在该邻域内由 x_0 变到 $x_0 + \Delta x$，即 x 在 x_0 点取得增量 Δx 时，$\Delta x = x - x_0$，函数 y 的值相应地从 $f(x_0)$ 变到 $f(x_0 + \Delta x)$，则有 $\Delta y = f(x_0 + \Delta x) - f(x_0)$，即为函数的增量，如图 2.5 所示.

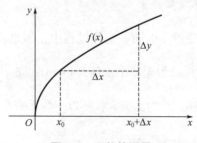

图 2.5 函数的增量

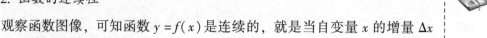

2. 函数的连续性

观察函数图像，可知函数 $y = f(x)$ 是连续的，就是当自变量 x 的增量 Δx 很小时，函数的增量 Δy 也很小，当 x 的增量 Δx 接近于零时，函数的增量 Δy 也接近于零．由此可得如下定义：

定义 2.5.2 设函数 $f(x)$ 在点 x_0 的某个邻域内有定义，若

$$\lim_{\Delta x \to 0} \Delta y = \lim_{\Delta x \to 0} [f(x_0 + \Delta x) - f(x_0)] = 0$$

则称函数 $y = f(x)$ 在点 x_0 处连续.

若记 $x = x_0 + \Delta x,$，则 $\Delta y = f(x_0 + \Delta x) - f(x_0) = f(x) - f(x_0)$，从而 $\lim_{\Delta x \to 0} \Delta y = 0$ 可表示为 $\lim_{x \to x_0} [f(x) - f(x_0)] = 0$，即 $\lim_{x \to x_0} f(x) = f(x_0)$，故函数在一点处的连续性也可定义为：

定义 2.5.3 设函数 $f(x)$ 在点 x_0 的某个邻域内有定义，若

$$\lim_{x \to x_0} f(x) = f(x_0)$$

则称函数 $y = f(x)$ 在点 x_0 处连续.

由定义 2.5.3 知，函数 $y = f(x)$ 在点 x_0 处连续必须满足的三个条件为：

（1）函数 $y = f(x)$ 在点 x_0 处有定义；

（2）极限 $\lim_{x \to x_0} f(x)$ 存在；

（3）极限值与函数值相等，即 $\lim_{x \to x_0} f(x) = f(x_0)$.

例 2.5.1 讨论函数

$$f(x) = \begin{cases} x\sin\dfrac{1}{x} & x \neq 0 \\ 0 & x = 0 \end{cases}$$

在点 $x = 0$ 处的连续性.

解 因为 $\lim_{x \to 0} f(x) = \lim_{x \to 0} x\sin\dfrac{1}{x} = 0 = f(0)$，所以 $f(x)$ 在点 $x = 0$ 处连续.

相应于函数左、右极限的概念，关于连续性有：

定义 2.5.4 若 $f(x)$ 在区间 $(x_0 - \delta, x_0]$ 有定义，且 $\lim_{x \to x_0^-} f(x) = f(x_0)$，则称函数 $y = f(x)$ 在点 x_0 处**左连续**；若 $f(x)$ 在区间 $[x_0, x_0 + \delta)$ 有定义，且 $\lim_{x \to x_0^+} f(x) = f(x_0)$，则称函数 $y = f(x)$ 在点 x_0 处**右连续**.

定理 2.5.1 函数 $y = f(x)$ 在点 x_0 处连续 $\Leftrightarrow$ 函数 $y = f(x)$ 在点 x_0 处左连续且右连续；即

$$\lim_{x \to x_0^-} f(x) = \lim_{x \to x_0^+} f(x) = f(x_0)$$

例 2.5.2 讨论函数

$$f(x) = |x| = \begin{cases} x & x \geq 0 \\ -x & x < 0 \end{cases}$$

在点 $x = 0$ 处是否连续？

解 注意 $y = f(x)$ 是分段函数，且点 $x = 0$ 两侧 $f(x)$ 表达式不一致，考

虑函数 $y = f(x)$ 在点 x_0 处的左右连续性. 因为 $\lim\limits_{x \to 0^-} f(x) = \lim\limits_{x \to 0^-}(-x) = 0 = f(0)$, 所以函数 $y = f(x)$ 在点 $x = 0$ 左连续；又因为 $\lim\limits_{x \to 0^+} f(x) = \lim\limits_{x \to 0^+} x = 0 = f(0)$, 所以函数 $y = f(x)$ 在点 $x = 0$ 右连续, 所以函数 $y = f(x)$ 在点 $x = 0$ 处连续.

3. 连续函数

定义 2.5.5 如果函数 $f(x)$ 在开区间 (a, b) 内的每一点都是连续, 则称函数 $f(x)$ **在区间** (a, b) **内连续**, 或者称函数 $f(x)$ 为开区间 (a, b) 内的**连续函数**；如果函数 $f(x)$ 在开区间 (a, b) 内连续, 且在左端点 a 处右连续, 在右端点 b 处左连续, 则称函数 $f(x)$ 在**闭区间** $[a, b]$ **上连续**. 或者称函数 $f(x)$ 为闭区间 $[a, b]$ 上的**连续函数**.

2.5.2 函数的间断点

定义 2.5.6 如果函数 $y = f(x)$ 在点 x_0 处不连续, 则称 $f(x)$ 在点 x_0 处**间断**, 并称点 x_0 为函数 $f(x)$ 的**间断点**.

下面的三个条件, 函数 $y = f(x)$ 只要其中一条不满足, x_0 就是函数 $f(x)$ 的间断点.

(1) 函数 $y = f(x)$ 在点 x_0 处有定义；

(2) 极限 $\lim\limits_{x \to x_0} f(x)$ 存在, 即 $\lim\limits_{x \to x_0^-} f(x) = \lim\limits_{x \to x_0^+} f(x)$；

(3) 极限值与函数值相等, 即 $\lim\limits_{x \to x_0} f(x) = f(x_0)$.

间断点按左、右极限值存在情形分为两类:

(1) 第一类间断点.

若 $f(x)$ 在 x_0 左、右极限值都存在, 则称 x_0 是 $f(x)$ 第一类间断点. 第一类间断点又分为可去间断点和跳跃间断点.

① 若 $f(x)$ 在 x_0 有 $\lim\limits_{x \to x_0} f(x) = A \neq f(x_0)$ （或 $f(x_0)$ 不存在）, 则称 x_0 为 $f(x)$ 的可去间断点.

② 若 $f(x)$ 在 x_0 存在左、右极限, 但 $\lim\limits_{x \to x_0^-} f(x) \neq \lim\limits_{x \to x_0^+} f(x)$, 则称 x_0 为 $f(x)$ 的跳跃间断点.

(2) 第二类间断点.

若 $f(x)$ 在 x_0 至少有一侧的极限值不存在, 则称 x_0 是 $f(x)$ 的第二类间断点.

例 2.5.3 讨论函数 $f(x) = \dfrac{x^3 - 1}{x - 1}$ 在 $x = 1$ 处的连续性.

解 显然 $f(x)$ 在点 $x = 1$ 处无定义, 而 $\lim\limits_{x \to 1} f(x) = \lim\limits_{x \to 1} \dfrac{(x-1)(x^2 + x + 1)}{x + 1} = 3$, 所以 $x = 1$ 是 $f(x)$ 的第一类间断点的可去间断点.

例 2.5.4 说明 $x = 0$ 为符号函数 $y = \operatorname{sgn} x = \begin{cases} 1 & x > 0 \\ 0 & x = 0 \\ -1 & x < 0 \end{cases}$ 的跳跃间断点.

解 在点 $x=0$ 处，函数虽有定义，但

$$\lim_{x\to 0^-} f(x) = \lim_{x\to 0^-}(-1) = -1$$

$$\lim_{x\to 0^+} f(x) = \lim_{x\to 0^+} 1 = 1$$

故

$$\lim_{x\to 0^-} f(x) \neq \lim_{x\to 0^+} f(x)$$

因为左、右极限存在但不相等，所以 $x=0$ 是 $f(x)$ 第一类间断点的跳跃间断点.

例 2.5.5 讨论函数 $f(x) = \dfrac{1}{x-2}$ 在 $x=2$ 处的连续性.

解 显然 $f(x)$ 在点 $x=2$ 处无定义，且当 $x\to 2$ 时，$f(x)\to\infty$，所以 $x=2$ 是 $f(x)$ 第二类间断点.

2.5.3 初等函数的连续性

1. 初等函数的连续性

由于基本初等函数在定义区间上是连续的，从初等函数的定义和极限的运算法则中可推得初等函数的性质.

定理 2.5.2（初等函数的连续性） 一切初等函数在其定义区间都是连续的.

以上定理说明，初等函数的定义区间就是函数的连续区间，例如函数 $f(x) = \dfrac{\ln(1+x)}{x}$ 的定义区间是 $(-1,0)\cup(0,+\infty)$，且 $f(x) = \dfrac{\ln(1+x)}{x}$ 是初等函数，所以 $f(x) = \dfrac{\ln(1+x)}{x}$ 的连续区间是 $(-1,0)\cup(0,+\infty)$.

2. 利用函数的连续性求极限

若 $f(x)$ 是初等函数，x_0 是 $f(x)$ 定义区间内的一点，则

$$\lim_{x\to x_0} f(x) = f(x_0)$$

即求连续函数的极限只需函数值 $f(x_0)$ 即可.

例 2.5.6 求 $\lim\limits_{x\to 1}\cos\left(\pi x - \dfrac{\pi}{2}\right)$.

解
$$\lim_{x\to 1}\cos\left(\pi x - \dfrac{\pi}{2}\right) = \cos\left(\pi - \dfrac{\pi}{2}\right) = \cos\dfrac{\pi}{2} = 0$$

例 2.5.7 求 $\lim\limits_{x\to a}\sqrt{1+\log_a x}$.

解
$$\lim_{x\to a}\sqrt{1+\log_a x} = \sqrt{1+\log_a a} = \sqrt{1+1} = \sqrt{2}$$

例 2.5.8 求 $\lim\limits_{x\to \frac{\pi}{2}}\ln(\sin x)$.

解 初等函数 $f(x) = \ln(\sin x)$ 在点 $x_0 = \dfrac{\pi}{2}$ 是有定义的，所以

$$\lim_{x\to\frac{\pi}{2}}\ln(\sin x)=\ln\left(\sin\frac{\pi}{2}\right)=\ln 1=0$$

定理 2.5.3 设函数 $u=\varphi(x)$ 在点 x_0 处连续，且 $u_0=\varphi(x_0)$，而 $y=f(u)$ 在点 u_0 处连续，则复合函数 $y=f[\varphi(x)]$ 在点 x_0 处连续，即

$$\lim_{x\to x_0}f[\varphi(x)]=f\left[\lim_{x\to x_0}\varphi(x)\right]$$

根据这个定理，求复合函数 $f[\varphi(x)]$ 的极限时，极限符号 $\lim$ 与函数符号 f 可以交换次序．

例 2.5.9 求 $\lim\limits_{x\to\frac{\pi}{2}}\sin(\cos x)$．

解 $\lim\limits_{x\to\frac{\pi}{2}}\sin(\cos x)=\sin\left(\lim\limits_{x\to\frac{\pi}{2}}\cos x\right)=\sin 0=0$

2.5.4 闭区间上连续函数的性质

定理 2.5.4（最大值和最小值定理） 闭区间上连续函数必能取到最大值和最小值．

如图 2.6 所示，从几何直观上看，因为闭区间上的连续函数的图像是包括两端点的一条不间断的曲线，因此它必定有最高点 P 和最低点 Q，P 与 Q 的纵坐标正是函数的最大值和最小值．

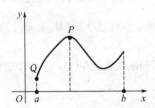

图 2.6 最大值和最小值定理的几何意义

注意定理中的"闭区间"和"连续"这两个重要条件，如果去掉这两个条件中的任意一个，最值不一定能取到．例如函数 $y=x$ 在开区间 $(0,1)$ 内有最小上界 1 和最小下界 0，但永远达不到．又如函数 $f(x)=\begin{cases}-x+1 & 0\le x<1\\ 1 & x=1\\ -x+3 & 1<x\le 2\end{cases}$ 也无最大值和最小值．

推论 1（有界性定理） 在闭区间上连续的函数在该区间上有界．

定理 2.5.5（介值定理） 若 $f(x)$ 在闭区间 $[a,b]$ 上连续，m 与 M 分别是 $f(x)$ 在闭区间 $[a,b]$ 上的最小值和最大值，u 是介于 m 与 M 之间的任一实数，则 $f(x)$ 在 $[a,b]$ 上至少存在一点 ξ，使得 $f(\xi)=u$．

介值定理的几何意义：介于两条水平直线 $y=m$ 与 $y=M$ 之间的任一直线 $y=u$，与 $y=f(x)$ 的图象曲线至少有一个交点（图 2.7）．

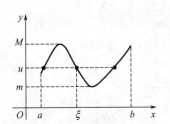

图 2.7　介值定理的几何意义

推论 2（零点定理）　设函数 $y=f(x)$ 在闭区间 $[a,b]$ 连续，并且 $f(a)\cdot f(b)<0$，则在开区间 (a,b) 内至少存在一点 ξ，使得 $f(\xi)=0$.

零点定理的几何意义：一条连续曲线，若其上的点的纵坐标由负值变到正值或由正值变到负值时，则曲线至少要穿过 x 轴一次（图 2.8）.

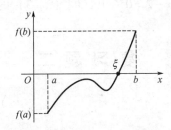

图 2.8　零点定理的几何意义

使 $f(x)=0$ 的点称为函数 $y=f(x)$ 的零点. 如果 $x=\xi$ 是函数 $y=f(x)$ 的零点，即 $f(\xi)=0$，那么 $x=\xi$ 就是方程 $f(x)=0$ 的一个实根；反之方程 $f(x)=0$ 的一个实根 $x=\xi$ 就是函数 $y=f(x)$ 的一个零点. 因此，求方程 $f(x)=0$ 的实根与求函数 $y=f(x)$ 的零点是一回事. 正因为如此，定理 2.5.5 的推论通常称为**方程根的存在定理**.

例 2.5.10　证明方程 $x^4-3x+1=0$ 在开区间 $(0,1)$ 内至少有一个实根.

解　令 $f(x)=x^4-3x+1$，显然函数 $y=f(x)$ 在 $[0,1]$ 上连续，且 $f(0)=1>0$，$f(1)=-1<0$，由零点定理知，至少 $\exists\xi\in(0,1)$，使得 $f(\xi)=0$，即 $\xi^4-3\xi+1=0$，所以，方程 $x^4-3x+1=0$ 在开区间 $(0,1)$ 内至少有一个实根 ξ.

习题 2.5

1. 讨论函数 $f(x)=\begin{cases} x^2\sin\dfrac{1}{x} & x\neq 0 \\ 0 & x=0 \end{cases}$，在 $x=0$ 处的连续性.

2. 讨论函数 $f(x)=\begin{cases} 1-x^2 & x<0 \\ x-1 & x\geqslant 0 \end{cases}$，在 $x=0$ 处的连续性.

3. 函数 $f(x) = \begin{cases} \dfrac{\sin 2x}{x} & x < 0 \\ 3x^2 - 2x + k & x \geq 0 \end{cases}$ ，问常数 k 为何值时，函数 $f(x)$ 在其

定义域内连续？

4. 求下列函数的间断点

（1） $y = \dfrac{1}{x+2}$ ；   （2） $y = \dfrac{x^2 - 1}{x^2 - 3x + 2}$ ；

（3） $y = \dfrac{1}{x} \sin x$ ；   （4） $y = \dfrac{x^2 - x}{|x|(x-1)}$.

5. 利用函数的连续性求下列极限

（1） $\lim\limits_{x \to \frac{1}{2}} \ln (\arcsin x)$ ；   （2） $\lim\limits_{x \to 1} \dfrac{\sqrt{x^2 + 3} - 3}{x^2}$.

6. 证明：方程 $x^3 - 6x - 2 = 0$ 在开区间（2，3）内至少有一个根．

复 习 题 二

1. 选择题

（1） 函数 $f(x)$ 在 $x = x_0$ 处有定义，是 $x \to x_0$ 时 $f(x)$ 有极限的 （　　）.

A. 必要条件   B. 充分条件

C. 充要条件   D. 无关条件

（2） $\lim\limits_{x \to x_0^-} f(x)$ 与 $\lim\limits_{x \to x_0^+} f(x)$ 都存在是函数 $f(x)$ 在 $x = x_0$ 处有极限的（　　）.

A. 必要条件   B. 充分条件

C. 充要条件   D. 无关条件

（3） 函数 $y = x^2 - 2$ 当 $x \to 1$ 时的极限为 （　　）.

A. 1   B. 0   C. 2   D. -1

（4） 下列变量中属于无穷大量的是 （　　）.

A. $100x^2 (x \to 0)$ B. $\dfrac{x+3}{x^2 - 9} (x \to 3)$

C. $2x^2 - 1 (x \to 0)$ D. $\ln(x+1) (x \to 0)$

（5） 当 $x \to 0$ 时，$\sin x(1 - \cos x)$ 是 x^3 的 （　　）.

A. 同阶无穷小，但不是等价无穷小   B. 等价无穷小

C. 高阶无穷小   D. 低阶无穷小

（6） 函数 $y = x^2 + 1$ 在区间$(-1，1)$内的最大值是 （　　）.

A. 0   B. 1   C. 2   D. 不存在

（7） 下列极限存在的是 （　　）.

A. $\lim\limits_{x \to \infty} 4^x$ B. $\lim\limits_{x \to \infty} \dfrac{x^3 + 1}{3x^3 - 1}$

C. $\lim\limits_{x\to 0^+}\ln x$　　　　　　　　D. $\lim\limits_{x\to 1}\sin\dfrac{1}{x-1}$

（8）已知 $\lim\limits_{x\to\infty}\dfrac{ax^2+2}{x^2-1}=3$，则常数 $a=$（　　　）.

A. 1　　　　　　B. 5　　　　　　C. 3　　　　　　D. −1

2. 填空题

（1）函数 $f(x)$ 在 x_0 处连续的充要条件是 _____ .

（2）一切初等函数在其定义域内都是 _____ .

（3）$\lim\limits_{x\to 1}(x^3+2x-1)=$ _____ .

（4）$\lim\limits_{x\to 0}(\mathrm{e}^{-x^2}-1)=$ _____ .

（5）设函数 $f(x)=\begin{cases}x+1 & x<3\\ 0 & x=3\\ 2x-3 & x>3\end{cases}$，则 $\lim\limits_{x\to 3}f(x)=$ _____ .

（6）函数 $f(x)=\sqrt{x^2-3x+2}$ 的连续区间是 _____ .

（7）若函数 $y=\dfrac{x^2-3x+2}{x^2-1}$，则它的间断点是 _____ .

（8）$x=0$ 是函数 $f(x)=\dfrac{\sin x}{x}$ 的 _____ 间断点 .

3. 判断题

（1）$\lim\limits_{x\to 1}\dfrac{x^2-1}{x-1}=0$.　　　　　　　　　　　　　　（　　　）

（2）如果极限 $\lim\limits_{x\to x_0}f(x)$ 存在，那么这极限唯一 .　　　　（　　　）

（3）无穷小就是很小很小的数 .　　　　　　　　　　　　　（　　　）

（4）在自变量的同一变化过程中，如果 $f(x)$ 为无穷大，则 $\dfrac{1}{f(x)}$ 为无穷小 .

　　　　　　　　　　　　　　　　　　　　　　　　　　（　　　）

（5）若函数 $f(x)$ 在 x_0 处极限存在，则 $f(x)$ 在 x_0 处连续 .　（　　　）

（6）分段函数必有间断点 .　　　　　　　　　　　　　　　　（　　　）

（7）在闭区间上连续的函数一定在该区间上有界 .　　　　　（　　　）

（8）若 $\lim\limits_{x\to\infty}\varphi(x)=a$（$a$ 为常数），则 $\lim\limits_{x\to\infty}\mathrm{e}^{\varphi(x)}=\mathrm{e}^{a}$.　（　　　）

4. 求下列极限

（1）$\lim\limits_{x\to -1}(x^4-5x^2+6)$；　　　　（2）$\lim\limits_{x\to 0}\left(1-\dfrac{2}{x-3}\right)$；

（3）$\lim\limits_{x\to 1}\dfrac{x^2-3x+2}{x-1}$；　　　　（4）$\lim\limits_{x\to 4}\dfrac{\sqrt{2x+1}-3}{\sqrt{x-2}-\sqrt{2}}$；

（5）$\lim\limits_{x\to 0}\dfrac{\sin x}{\sin 3x}$；　　　　　　（6）$\lim\limits_{x\to\infty}\left(1+\dfrac{1}{x}\right)^{2x}$；

（7）$\lim\limits_{x\to\infty}\dfrac{x^4+5x^3-2x+1}{3x^4+6x^2-2}$；　　（8）$\lim\limits_{x\to 0}(1-2x)^{\frac{1}{x}}$.

5. 设函数 $f(x) = \begin{cases} e^x - 2 & x > 0 \\ 1 & x = 0 \\ x - \cos x & x < 0 \end{cases}$，求 $\lim\limits_{x \to 0} f(x)$；并判断函数 $y = f(x)$ 在 $x = 0$ 处是否连续.

6. 利用等价无穷小的替换，计算下列极限

（1）$\lim\limits_{x \to 0} \dfrac{\sin(x^3)}{(\sin x)^3}$；

（2）$\lim\limits_{x \to 0} \dfrac{\ln(1 + x^3)}{\tan x - \sin x}$.

7. 证明方程 $2x^3 - 3x^2 + 2x - 3 = 0$ 在区间（1，2）至少有一根.

阅读与欣赏（二）

刘　徽

　　刘徽（约250—?），三国后期魏国人，是中国古代杰出的数学家，也是中国古典数学理论的奠基者之一．关于他的生卒年月、生平事迹，史书上很少记载．据推测，他是魏晋时代山东邹平人，终生未做官．他的主要著作有：《九章算术注》10卷；《重差》1卷，至唐代易名为《海岛算经》；《九章重差图》1卷，可惜后两种都在宋代失传．刘徽的数学成就主要表现在：他清理中国古代数学体系并奠定其理论基础，而且提出很多自己的观点．

　　刘徽的工作，不仅对中国古代数学发展产生了深远影响，而且在世界数学史上也确立了崇高的历史地位．鉴于刘徽的巨大贡献，所以不少书上把他称作"中国数学史上的牛顿"．

　　刘徽在割圆术中提出的"割之弥细，所失弥少，割之又割以至于不可割，则与圆合体而无所失矣"，这可视为中国古代极限观念的佳作．刘徽为了圆周率的计算一直潜心钻研．一次，刘徽看到石匠在加工石头，觉得很有趣就仔细观察了起来．原本一块方石，经石匠师傅凿去四角，就变成了八角形的石头，再去八个角，又变成了十六边形．一斧一斧地凿下去，一块方形石料就被加工成了一根光滑的圆柱．

　　谁会想到，在一般人看来非常普通的事情，却触发了刘徽智慧的火花．他想："石匠加工石料的方法，可不可以用在圆周率的研究上呢?"于是，刘徽采用这个方法，把圆逐渐分割下去，一试果然有效．他发明了亘古未有的"割圆术"．他沿着割圆术的思路，从圆内接正六边形算起，边数依次加倍，相继算出正12边形、正24边形……直到正192边形的面积，得到圆周率 π 的近似值为157/50（3.14）．后来，他又算出圆内接正3072边形的面积，从而得到更精确的圆周率近似值：$\pi \approx 3927/1250$（3.1416）．

第3章

导数与微分

本章主要介绍导数与微分的相关知识．通过本章的学习，要求学生理解导数的定义；了解导数的几何意义；掌握平面曲线的切线和法线方程的求法；理解函数可导与连续的关系；熟练掌握基本初等函数的求导公式和四则运算法则；复函数求导法则；会求隐函数和参数方程的导数；了解高阶导数的定义；求初等函数的二阶导数；理解微分的概念；了解微分的几何意义；了解可导、可微与连续的关系；熟练掌握微分的运算法则；理解一阶微分形式不变性．

☆ ★ ☆

导数和微分是微分学的基本概念，导数概念最初是从寻找曲线的切线以及确定变速运动的瞬时速度中产生的，它在理论上和实践中有着广泛的应用，微分概念与导数概念几乎是同时产生的，本章将介绍导数概念、微分概念，从而系统地解决初等函数的求导问题．

3.1 导数的概念

3.1.1 两个引例

导数作为微分学中最主要的概念，是英国物理学家牛顿和德国数学家莱布尼兹分别在研究力学与几何学过程中建立的．下面我们分别以一个物理问题和一个几何问题为背景引入导数概念，随后再介绍导数的几何意义及应用．

1. 变速直线运动的瞬时速度

我们知道，如果物体作匀速直线运动，则物体经过的距离与所需时间的比值即为物体的运动速度．

如果物体作变速直线运动，其运动规律，即位移函数是 $s = s(t)$，如何

确定时刻 $t = t_0$ 时的速度 $v(t_0)$，从时刻 t_0 到 $t_0 + \Delta t$ 的时间间隔 Δt 内，物体移动了 $\Delta s = s(t_0 + \Delta t) - s(t_0)$，则物体在这段时间的平均速度为 $\bar{v} = \dfrac{\Delta s}{\Delta t} = \dfrac{s(t_0 + \Delta t) - s(t_0)}{\Delta t}$．在匀速运动中，这个比值是常数，但在变速运动中，它不仅与 t_0 有关，也与 Δt 有关．显然，当 $|\Delta t|$ 很小时，$\dfrac{\Delta s}{\Delta t}$ 与 t_0 时刻的速度近似，如果当 Δt 趋于 0 时，平均速度 $\dfrac{\Delta s}{\Delta t}$ 的极限存在，那么，我们可以把这个极限值称为物体在 t_0 时刻的瞬时速度，记作 $v(t_0)$，即 $v(t_0) = \lim\limits_{\Delta t \to 0} \dfrac{s(t_0 + \Delta t) - s(t_0)}{\Delta t} = \lim\limits_{\Delta t \to 0} \dfrac{\Delta s}{\Delta t}$．

2. 曲线切线的斜率

切线的定义：如图 3.1 所示，设点 $M(x_0, y_0)$ 为曲线 C 上一点，取与 M 邻近的一点 $N(x_0 + \Delta x, y_0 + \Delta y)$，作割线 MN，当动点 N 沿曲线趋近点 M 时，若割线 MN 存在极限位置 MT，则称割线 MN 的极限位置 MT 为曲线 C 在点 M 处的切线．

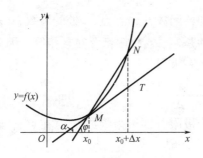

图 3.1　切线的定义

下面求切线 MT 的斜率．

设曲线 C 的方程为 $y = f(x)$，割线 MN 的倾斜角为 φ，切线 MT 的倾斜角为 α，那么割线 MN 的斜率为 $k_{MN} = \tan\varphi = \dfrac{\Delta y}{\Delta x} = \dfrac{f(x_0 + \Delta x) - f(x_0)}{\Delta x}$．而当点 N 沿曲线 C 无限趋近于点 M 时，割线 MN 也无限趋近于切线 MT，所以

$$k_{MT} = \tan\alpha = \lim_{\Delta x \to 0} \frac{\Delta y}{\Delta x} = \lim_{\Delta x \to 0} \frac{f(x_0 + \Delta x) - f(x_0)}{\Delta x} \tag{3.1.1}$$

为曲线 $y = f(x)$ 在点 $M(x_0, y_0)$ 处的切线斜率．

虽然，上述两个问题的背景不同，但从抽象的数量关系来看，它们的实质是一样的，最终都归结为计算函数的增量与自变量增量的比值的极限问题．其实在计算诸如线密度、角速度、电流强度等问题中，也会出现形如式(3.1.1)的极限，正是由于这类问题的研究促使导数概念的诞生．

3.1.2 导数的概念

1. 导数的定义

定义 3.1.1 设函数 $y = f(x)$ 在点 x_0 的某个邻域内有定义，当自变量 x 在 x_0 处取得增量 Δx ($\Delta x \neq 0$ 且 $x_0 + \Delta x$ 仍在该邻域内）时，相应地函数有增量 $\Delta y = f(x_0 + \Delta x) - f(x_0)$，如果当 $\Delta x \to 0$ 时，$\dfrac{\Delta y}{\Delta x}$ 的极限存在，则称函数 $y = f(x)$ 在点 x_0 处**可导**，并称此极限值为函数 $y = f(x)$ 在点 x_0 处的**导数**，记为 $f'(x_0)$，即

$$f'(x_0) = \lim_{\Delta x \to 0} \frac{\Delta y}{\Delta x} = \lim_{\Delta x \to 0} \frac{f(x_0 + \Delta x) - f(x_0)}{\Delta x} \qquad (3.1.2)$$

也可记作 $y'\big|_{x = x_0}$，$\dfrac{\mathrm{d}y}{\mathrm{d}x}\Big|_{x = x_0}$ 或 $\dfrac{\mathrm{d}f(x)}{\mathrm{d}x}\Big|_{x = x_0}$.

函数 $f(x)$ 在点 x_0 处可导有时也说成 $f(x)$ 在点 x_0 具有导数或导数存在.

在定义 3.1.1 中，若记 $x = x_0 + \Delta x$，则式(3.1.2) 可写为

$$f'(x_0) = \lim_{x \to x_0} \frac{f(x) - f(x_0)}{x - x_0}$$

2. 左、右导数

由导数的定义可知，函数 $f(x)$ 在点 x_0 处的导数 $f'(x_0)$ 是一个极限，而极限存在的充分必要条件是左、右极限都存在且相等，因此 $f(x)$ 在点 x_0 处可导的充分必要条件是左、右极限

$$\lim_{\Delta x \to 0^-} \frac{f(x_0 + \Delta x) - f(x_0)}{\Delta x} \quad \text{及} \quad \lim_{\Delta x \to 0^+} \frac{f(x_0 + \Delta x) - f(x_0)}{\Delta x}$$

都存在且相等. 这两个极限分别称为函数 $f(x)$ 在点 x_0 处的**左导数**和**右导数**，记作 $f'_-(x_0)$ 及 $f'_+(x_0)$，即

$$f'_-(x_0) = \lim_{\Delta x \to 0^-} \frac{f(x_0 + \Delta x) - f(x_0)}{\Delta x}$$

$$f'_+(x_0) = \lim_{\Delta x \to 0^+} \frac{f(x_0 + \Delta x) - f(x_0)}{\Delta x}$$

定理 3.1.1 函数在点 x_0 处可导的充分必要条件是左导数 $f'_-(x_0)$ 和右导数 $f'_+(x_0)$ 都存在且相等，即

$$f'(x_0) = A \Leftrightarrow f'_-(x_0) = f'_+(x_0) = A$$

3. 导函数

如果函数 $y = f(x)$ 在区间 (a, b) 内的每一点都可导，就说函数在区间 (a, b) 内可导. 这时，对于区间 (a, b) 的每一个 x，都有唯一确定的导数值与之对应，这就构成了 x 的一个新的函数，称为函数 $y = f(x)$ 的**导函数**，简称**导数**，记作 $f'(x)$，y'，$\dfrac{\mathrm{d}y}{\mathrm{d}x}$ 或 $\dfrac{\mathrm{d}f(x)}{\mathrm{d}x}$，即

$$f'(x) = \lim_{\Delta x \to 0} \frac{\Delta y}{\Delta x} = \lim_{\Delta x \to 0} \frac{f(x + \Delta x) - f(x)}{\Delta x}$$

因此，函数 $y = f(x)$ 在点 x_0 处的导数 $f'(x_0)$ 其实就是导函数 $f'(x)$ 在点 $x = x_0$ 处的函数值.

如果函数 $f(x)$ 在开区间 (a, b) 内可导，且 $f'_+(a)$ 及 $f'_-(b)$ 都存在，就称 $f(x)$ 在闭区间 $[a, b]$ 上可导.

学习了导数概念之后，前面的引例就可以用导数表述如下：

（1）物体在 t_0 时刻的瞬时速度为位移函数 $s = s(t)$ 在点 t_0 处的导数，即

$$v(t_0) = s'(t_0) = \lim_{\Delta t \to 0} \frac{s(t_0 + \Delta t) - s(t_0)}{\Delta t}$$

（2）曲线 $y = f(x)$ 在点 $M_0(x_0, y_0)$ 处的切线斜率即为函数 $y = f(x)$ 在点 x_0 处的导数，即

$$k = f'(x_0) = \lim_{\Delta x \to 0} \frac{f(x_0 + \Delta x) - f(x_0)}{\Delta x}$$

4. 求导举例

由导数定义的表达式可知，求函数 $y = f(x)$ 的导数 y'，一般可分为以下三个步骤：

（1）计算增量：$\Delta y = f(x + \Delta x) - f(x)$；

（2）计算比值：$\dfrac{\Delta y}{\Delta x} = \dfrac{f(x + \Delta x) - f(x)}{\Delta x}$；

（3）计算极限：$y' = \lim\limits_{\Delta x \to 0} \dfrac{\Delta y}{\Delta x} = \lim\limits_{\Delta x \to 0} \dfrac{f(x + \Delta x) - f(x)}{\Delta x}$.

例 3.1.1　求函数 $f(x) = C$（C 为常数）的导数.

解　$f'(x) = \lim\limits_{\Delta x \to 0} \dfrac{f(x + \Delta x) - f(x)}{\Delta x} = \lim\limits_{\Delta x \to 0} \dfrac{C - C}{\Delta x} = 0$，即 $(C)' = 0$.

这就是说，常数函数的导数等于零，即 $(C)' = 0$.

例 3.1.2　已知函数 $f(x) = x^2$，求 $f'(x)$ 和 $f'(1)$.

解　$f'(x) = \lim\limits_{\Delta x \to 0} \dfrac{\Delta y}{\Delta x} = \lim\limits_{\Delta x \to 0} \dfrac{(x + \Delta x)^2 - x^2}{\Delta x} = \lim\limits_{\Delta x \to 0} (2x + \Delta x) = 2x$

$$f'(1) = f'(x) \big|_{x=1} = 2x \big|_{x=1} = 2$$

一般来说，幂函数 $y = x^\mu$（μ 为任意常数）的导数公式为

$$(x^\mu)' = \mu x^{\mu-1}$$

讨论：（1）$y = x^{\frac{1}{2}} = \sqrt{x}$（$x > 0$）的导数为 ＿＿＿＿＿＿＿＿＿＿．

（2）$y = x^{-1} = \dfrac{1}{x}$（$x \neq 0$）的导数为 ＿＿＿＿＿＿＿＿＿＿．

例 3.1.3 求函数 $f(x) = \sin x$ 的导数.

解
$$f'(x) = \lim_{\Delta x \to 0} \frac{f(x + \Delta x) - f(x)}{\Delta x}$$

$$= \lim_{\Delta x \to 0} \frac{\sin(x + \Delta x) - \sin x}{\Delta x}$$

$$= \lim_{\Delta x \to 0} \frac{1}{\Delta x} 2\cos\left(x + \frac{\Delta x}{2}\right)\sin\frac{\Delta x}{2}$$

$$= \lim_{\Delta x \to 0} \cos\left(x + \frac{\Delta x}{2}\right) \cdot \frac{\sin\frac{\Delta x}{2}}{\frac{\Delta x}{2}} = \cos x$$

即

$$(\sin x)' = \cos x$$

用类似的方法，可求得 $(\cos x)' = -\sin x$.

例 3.1.4 求函数 $f(x) = \log_a x \ (a > 0,\ a \neq 1)$ 的导数.

解
$$f(x) = \log_a x = \frac{\ln x}{\ln a}$$

由于当 $\Delta x \to 0$ 时

$$\ln\left(1 + \frac{\Delta x}{x}\right) \sim \frac{\Delta x}{x}$$

$$f'(x) = \lim_{\Delta x \to 0} \frac{f(x + \Delta x) - f(x)}{\Delta x}$$

$$= \frac{1}{\ln a} \lim_{\Delta x \to 0} \frac{\ln(x + \Delta x) - \ln x}{\Delta x}$$

$$= \frac{1}{\ln a} \lim_{\Delta x \to 0} \frac{\ln\left(1 + \frac{\Delta x}{x}\right)}{\Delta x}$$

$$= \frac{1}{x\ln a}$$

即

$$f'(x) = (\log_a x)' = \frac{1}{x\ln a}$$

特别地，当 $a = e$ 时，有 $(\ln x)' = \dfrac{1}{x}$.

3.1.3 导数的几何意义

由引例可知，函数 $y = f(x)$ 在点 x_0 处的导数 $f'(x_0)$ 就表示曲线 $y = f(x)$ 在点 $M_0(x_0, f(x_0))$ 处的切线斜率，即 $k = f'(x_0)$. 这就是导数的几何意义.

因此，过曲线 $y = f(x)$ 上可导点 $M_0(x_0, f(x_0))$ 的切线方程为

$$y - f(x_0) = f'(x_0)(x - x_0)$$

过切点且与切线垂直的直线称为曲线 $y = f(x)$ 在该点处的**法线**.

如果 $f'(x_0) \neq 0$，则法线斜率为 $-\dfrac{1}{f'(x_0)}$，从而过该点的法线方程为

$$y - f(x_0) = -\frac{1}{f'(x_0)}(x - x_0)$$

例 3.1.5　求曲线 $y = \sqrt{x}$ 在点 $(4，2)$ 处的切线方程和法线方程.

解　因为

$$y' = (\sqrt{x})' = \frac{1}{2\sqrt{x}}$$

所以

$$y'|_{x=4} = \frac{1}{2\sqrt{x}}\Big|_{x=4} = \frac{1}{4}$$

即切线斜率为 $k = \dfrac{1}{4}$，法线斜率为 $k' = -4$. 因此，切线方程为

$$y - 2 = \frac{1}{4}(x - 4)$$

即

$$x - 4y + 4 = 0$$

法线方程为

$$y - 2 = -4(x - 4)$$

即

$$4x + y - 18 = 0$$

3.1.4　可导与连续的关系

可导与连续是函数的两个重要概念. 虽然在导数的定义中未明确要求函数在点 x_0 连续，但却蕴涵可导必然连续这一关系.

定理 3.1.2　若 $f(x)$ 在点 x_0 可导，则它在点 x_0 必连续.

证明　设 $f(x)$ 在 x_0 可导，即

$$\lim_{\Delta x \to 0} \frac{\Delta y}{\Delta x} = f'(x_0)$$

则

$$\lim_{\Delta x \to 0} \Delta y = \lim_{\Delta x \to 0}\left(\frac{\Delta y}{\Delta x} \cdot \Delta x\right) = \lim_{\Delta x \to 0}\frac{\Delta y}{\Delta x} \cdot \lim_{\Delta x \to 0}\Delta x = 0$$

所以 $f(x)$ 在点 x_0 连续.

但反过来不一定成立，即在 x_0 连续的函数未必在 x_0 可导.

例 3.1.6　证明函数 $f(x) = |x|$ 在 $x = 0$ 处连续但不可导.

证明　由 $\lim\limits_{x \to 0} x = 0$ 可推知

$$\lim_{x \to 0}|x| = \left|\lim_{x \to 0}x\right| = 0$$

所以 $f(x) = |x|$ 在 $x = 0$ 处连续，但由于

$$f(x) = |x|$$

$$f'_-(0) = \lim_{x \to 0^-} \frac{-x - 0}{x} = -1$$

$$f'_+(0) = \lim_{x \to 0^+} \frac{x - 0}{x} = 1$$

由于 $f'_-(0) \neq f'_+(0)$，所以 $f(x) = |x|$ 在 $x = 0$ 处不可导．

习题 3.1

1. 设 $f(x) = 10x^2$，按导数的定义求 $f'(-1)$ 的值。

2. 求下列函数的导数

（1）$y = x^4$，

（2）$y = \sqrt[3]{x^2}$，

（3）$y = \dfrac{1}{\sqrt{x}}$

（4）$y = \dfrac{1}{x^2}$

3. 求 $y = \dfrac{1}{x}$ 在点 $\left(\dfrac{1}{2}, 2\right)$ 处的切线斜率，并写出该点的切线方程和法线方程。

4. 求曲线 $y = \cos x$ 在点 $\left(\dfrac{\pi}{3}, \dfrac{1}{2}\right)$ 处的切线方程和法线方程。

3.2　函数的求导法则

本节我们根据导数的定义，推导出几个主要的求导法则——导数的四则运算法则、反函数的求导法则和复合函数的求导法则．借助这些法则和 3.1 节计算出的几个基本初等函数的导数公式，求出其他基本初等函数的导数公式，从而解决初等函数的求导问题．

3.2.1　导数的四则运算法则

定理 3.2.1　设函数 $u(x)$，$v(x)$ 在 x 处可导，则 $u(x) \pm v(x)$，$u(x)v(x)$，$\dfrac{u(x)}{v(x)}(v(x) \neq 0)$ 也在点 x 处可导，且有

（1）$[u(x) \pm v(x)]' = u'(x) \pm v'(x)$；

（2）$[u(x)v(x)]' = u'(x)v(x) + u(x)v'(x)$；

（3）$\left[\dfrac{u(x)}{v(x)}\right]' = \dfrac{u'(x)v(x) - u(x)v'(x)}{v^2(x)}$．

证明 （1）令 $y = u(x) + v(x)$，则

$$\Delta y = [u(x + \Delta x) + v(x + \Delta x)] - [u(x) + v(x)]$$
$$= [u(x + \Delta x) - u(x)] + [v(x + \Delta x) - v(x)]$$
$$= \Delta u + \Delta v$$

从而有

$$\lim_{\Delta x \to 0} \frac{\Delta y}{\Delta x} = \lim_{\Delta x \to 0} \frac{\Delta u}{\Delta x} + \lim_{\Delta x \to 0} \frac{\Delta v}{\Delta x} = u'(x) + v'(x)$$

所以 $y = u(x) + v(x)$ 也在 x 处可导，且

$$[u(x) + v(x)]' = u'(x) + v'(x)$$

类似可证 $[u(x) - v(x)]' = u'(x) - v'(x)$.

（2）（3）的证明略去.

函数和与差的导数公式可以推广到有限个可导函数和与差，例如：

$$[u_1(x) \pm u_2(x) \pm \cdots \pm u_n(x)]' = u_1(x)' \pm u_2(x)' \pm \cdots u_n(x)'$$

在乘积求导公式中，当 $v(x) = c$（c 为常数）时，有 $[cu(x)]' = cu'(x)$.

乘积求导公式可以推广到有限个可导函数的乘积.

例如，若函数 $u(x)$，$v(x)$，$w(x)$ 都是区间 I 内的可导函数，则

$$(uvw)' = u'vw + uv'w + uvw'$$

例 3.2.1 求下列函数的导数：

（1）$y = \sec x$；

（2）$y = \csc x$；

（3）$y = \tan x$；

（4）$y = \cot x$.

解 （1）$(\sec x)' = \left(\dfrac{1}{\cos x}\right)' = -\dfrac{(\cos x)'}{\cos^2 x} = \dfrac{\sin x}{\cos^2 x} = \sec x \tan x$；

（2）$(\csc x)' = \left(\dfrac{1}{\sin x}\right)' = -\dfrac{\cos x}{\sin^2 x} = -\csc x \cot x$；

（3）$(\tan x)' = \left(\dfrac{\sin x}{\cos x}\right)' = \dfrac{\cos x \cos x - \sin x(-\sin x)}{\cos^2 x} = \dfrac{1}{\cos^2 x} = \sec^2 x$；

（4）$(\cot x)' = \left(\dfrac{\cos x}{\sin x}\right)' = \dfrac{(-\sin x)\sin x - \cos x \cos x}{\sin^2 x} = \dfrac{-1}{\sin^2 x} = -\csc^2 x$.

3.2.2 反函数的求导法则

定理 3.2.2 设 $y = f(x)$ 为 $x = \varphi(y)$ 的反函数. 如果 $x = \varphi(y)$ 在某区间 I_y 内严格单调、可导且 $\varphi'(y) \neq 0$，则它的反函数 $y = f(x)$ 也在对应的区间 I_x 内可导，且有

$$f'(x) = \frac{1}{\varphi'(y)} \quad \text{或} \quad \frac{\mathrm{d}y}{\mathrm{d}x} = \frac{1}{\dfrac{\mathrm{d}x}{\mathrm{d}y}}$$

例 3.2.2 求 $y = \arcsin x$ 的导数.

解 由于 $y = \arcsin x$,$x \in (-1, 1)$ 是 $x = \sin y$,$y \in \left(-\dfrac{\pi}{2}, \dfrac{\pi}{2}\right)$ 的反函数,

且当 $y \in \left(-\dfrac{\pi}{2}, \dfrac{\pi}{2}\right)$ 时,$(\sin y)' = \cos y > 0$. 所以由反函数的公式得

$$(\arcsin x)' = \frac{1}{(\sin y)'} = \frac{1}{\cos y} = \frac{1}{\sqrt{1 - \sin^2 y}} = \frac{1}{\sqrt{1 - x^2}}$$

同理可得

$$(\arccos x)' = -\frac{1}{\sqrt{1 - x^2}}$$

$$(\arctan x)' = \frac{1}{1 + x^2}$$

$$(\operatorname{arccot} x)' = -\frac{1}{1 + x^2}$$

例 3.2.3 求指数函数 $y = a^x (a > 0, a \neq 1)$ 的导数。

解 由于 $y = a^x$,$x \in (-\infty, +\infty)$ 是 $x = \log_a^y$,$y \in (0, +\infty)$ 的反函数,因此,

$$(a^x)' = \frac{1}{(\log_a^y)'} = \frac{1}{\dfrac{1}{y \ln a}} = y \ln a = a^x \ln a$$

3.2.3 导数的基本公式

至此,我们已经推导出所有基本初等函数的导数公式,为了方便,现汇总在一起:

(1) $(c)' = 0$.

(2) $(x^\mu)' = \mu x^{\mu-1}$ （μ 为任意实数）.

(3) $(a^x)' = a^x \ln a$,　　　　　　$(e^x)' = e^x$,

　　$(\log_a^x)' = \dfrac{1}{x \ln a}$,　　　　　$(\ln x)' = \dfrac{1}{x}$.

(4) $(\sin x)' = \cos x$;　　　　　　$(\cos x)' = -\sin x$;

　　$(\tan x)' = \sec^2 x$;　　　　　$(\cot x)' = -\csc^2 x$;

　　$(\sec x)' = \sec x \tan x$;　　　$(\csc x)' = -\csc x \cot x$.

(5) $(\arcsin x)' = \dfrac{1}{\sqrt{1 - x^2}}$;　　　$(\arccos x)' = -\dfrac{1}{\sqrt{1 - x^2}}$;

　　$(\arctan x)' = \dfrac{1}{1 + x^2}$;　　　　$(\operatorname{arccot} x)' = -\dfrac{1}{1 + x^2}$.

例 3.2.4 求下列函数的导数.

(1) $y = e^x (\sin x - 2\cos x)$;

(2) $y = \dfrac{ax + b}{cx + d} (ad - bc \neq 0)$;

(3) $y = \sec x \tan x + 3\sqrt[3]{x} \arctan x$.

解 (1) $y' = (e^x)'(\sin x - 2\cos x) + e^x(\sin x - 2\cos x)'$

$\qquad = e^x(\sin x - 2\cos x + \cos x + 2\sin x)$

$\qquad = e^x(3\sin x - \cos x)$

(2) $y' = \dfrac{(ax+b)'(cx+d) - (ax+b)(cx+d)'}{(cx+d)^2} = \dfrac{ad - bc}{(cx+d)^2}$

(3) $y' = (\sec x \tan x)' + (3\sqrt[3]{x}\arctan x)'$

$\qquad = \sec x \tan^2 x + \sec^3 x + x^{-\frac{2}{3}}\arctan x + \dfrac{3\sqrt[3]{x}}{1+x^2}$

3.2.4 复合函数的求导法则

定理 3.2.3 设 $y = f(u)$ 与 $u = \varphi(x)$ 可以复合成函数 $y = f[\varphi(x)]$，如果 $u = \varphi(x)$ 在 x_0 处可导，而 $y = f(u)$ 在对应的 $u_0 = \varphi(x_0)$ 处可导，则函数 $y = f[\varphi(x)]$ 在 x_0 处可导，且有

$$\frac{dy}{dx}\Big|_{x=x_0} = f'(u_0) \cdot \varphi'(x_0) \qquad (3.2.1)$$

由式 (3.2.1) 可知，若 $u = \varphi(x)$ $(x \in I)$ 及 $y = f(u)$ $(u \in I_1)$ 均为可导函数，且当 $x \in I$ 时 $u = \varphi(x) \in I_1$，则复合函数 $y = f[\varphi(x)]$ 在 I 内也可导，且有

$$\frac{dy}{dx} = \frac{dy}{du} \cdot \frac{du}{dx} \qquad (3.2.2)$$

(3.2.2) 通常称为复合函数导数的**链式法则**，它可以推广到任意有限个可导函数的复合函数. 例如，设 $y = f(u)$，$u = \varphi(v)$，$v = \psi(x)$ 均为相应区间内的可导函数，且可以复合成函数 $y = f\{\varphi[\psi(x)]\}$，则有 $\dfrac{dy}{dx} = \dfrac{dy}{du} \cdot \dfrac{du}{dv} \cdot \dfrac{dv}{dx}$.

注：求多个可导函数构成的复合函数的导数时，初学者往往容易漏掉中间变量的导数，必要时可把中间变量写出来，分别求导，然后把中间变量代换成自变量.

例 3.2.5 求函数 $y = \cos 3x$ 的导数.

解 $y = \cos 3x$ 可以看成由 $y = \cos u$ 和 $u = 3x$ 复合而成，由复合函数的求导法则得

$$y' = \frac{dy}{du} \cdot \frac{du}{dx} = -\sin u \cdot 3 = -3\sin u = -3\sin 3x$$

例 3.2.6 求 $y = \sqrt{1-x^2}$ 的导数.

解 $y = \sqrt{1-x^2}$ 可以看成由 $y = \sqrt{u}$ 和 $u = 1 - x^2$ 复合而成，因此

$$y' = \frac{dy}{du} \cdot \frac{du}{dx} = \frac{1}{2}u^{-\frac{1}{2}} \cdot (-2x) = -\frac{x}{\sqrt{1-x^2}}$$

例 3.2.7 求 $y = e^{\sin\sqrt{x}}$ 的导数.

解 $y = e^{\sin\sqrt{x}}$ 可以看成由 $y = e^u$，$u = \sin v$ 和 $v = \sqrt{x}$ 复合而成，因此

$$y' = \frac{dy}{du} \cdot \frac{du}{dv} \cdot \frac{dv}{dx} = e^u \cdot \cos v \cdot \frac{1}{2}x^{-\frac{1}{2}} = e^{\sin x} \cdot \cos\sqrt{x} \cdot \frac{1}{2\sqrt{x}} = \frac{\cos\sqrt{x}}{2\sqrt{x}}e^{\sin\sqrt{x}}$$

例 3.2.8 求幂函数 $y = x^\mu$ （$x > 0$，μ 为任意实数）的导数.

解 由于 $y = x^\mu = e^{\mu \ln x}$ 可以看作由指数函数 $y = e^u$ 与对数函数 $u = \mu \ln x$ 复合而成的函数，故按复合函数的求导公式有

$$y' = e^u \cdot \mu \cdot \frac{1}{x} = \mu e^{\mu \ln x} \cdot \frac{1}{x} = \mu x^{\mu-1}$$

即

$$(x^\mu)' = \mu x^{\mu-1} \ (x > 0)$$

在我们运用复合函数求导公式比较熟练以后，解题时就可以不必写出中间变量，从而使求导过程相对简捷.

例 3.2.9 求 $y = \ln(x + \sqrt{x^2 + 1})$ 的导数.

解
$$y' = \frac{1}{x + \sqrt{x^2+1}}(x + \sqrt{x^2+1})'$$

$$= \frac{1}{x + \sqrt{x^2+1}}\left[1 + \frac{1}{2\sqrt{x^2+1}}(x^2+1)'\right]$$

$$= \frac{1}{x + \sqrt{x^2+1}}\left[1 + \frac{x}{\sqrt{x^2+1}}\right]$$

$$= \frac{1}{\sqrt{x^2+1}}$$

例 3.2.10 求下列函数的导数.

（1）$y = 2^x + x^4 + \log_3(x^3 e^2)$；

（2）$y = \ln(\arccos 2x)$；

（3）$y = a^{\sin^2 x}$；

（4）$y = \sin^2 x \sin x^2$.

解 （1）$y' = (2^x)' + (x^4)' + (3\log_3 x + \log_3 e^2)' = 2^x \ln 2 + 4x^3 + \dfrac{3}{x \ln 3}$；

（2）$y' = \dfrac{1}{\arccos 2x} \cdot \dfrac{-1}{\sqrt{1-(2x)^2}} \cdot 2 = \dfrac{-2}{\sqrt{1-4x^2}\arccos 2x}$；

（3）$y' = a^{\sin^2 x} \ln a \cdot 2\sin x \cos x = a^{\sin^2 x} \sin 2x \cdot \ln a$；

（4）$y' = (\sin^2 x)' \sin x^2 + \sin^2 x (\sin x^2)' = 2\sin x \cos x \sin x^2 + 2x \sin^2 x \cos x^2$.

习题 3.2

1. 填空题

（1）$(\log_2 x)' = $ _____；

（2）$(\sec x)' = $ _____；

（3）$\left(\dfrac{1}{\sqrt{x}} - 3^x + e^2\right)' = $ _____；

（4）$(x^2 \cdot \tan x)' = $ _____；

2. 求下列函数的导数

（1）$y = 4(x+1)^2 + (3x+1)^2$；

（2）$y = xe^x + 10$；

（3）$y = \sin x \cos x$；

（4）$y = \arctan 2x$；

(5) $y = \cos 8x$;　　　　　　　　　　(6) $y = e^x \sin 2x$;

(7) $y = \sqrt[3]{1 - \cos x}$;　　　　　　　(8) $y = \arcsin \dfrac{1}{\sqrt{x}}$;

(9) $y = e^{x^2}$;　　　　　　　　　　(10) $y = \ln[\ln(\ln x)]$.

3.3　隐函数及由参数方程所确定的函数的导数

3.3.1　隐函数的导数

用解析式表示的函数通常有两种表达方式：一种是函数 y 能直接表示成自变量 x 的函数式，如 $y = \sin x + x^2$，$y = e^x \ln x$ 等，这种函数称为**显函数**；另一种是函数 y 与自变量 x 的函数关系隐含于某一方程中，即它们的关系由方程 $F(x, y) = 0$ 所确定，如方程 $x - 2y + 1 = 0$ 和 $xy - e^x + e^y = 0$ 均可确定 y 是 x 的函数，这种函数称为**隐函数**.

设函数 $y = f(x)$ 是由方程 $F(x, y) = 0$ 所确定的隐函数，为求隐函数 $y = f(x)$ 的导数 $\dfrac{\mathrm{d}y}{\mathrm{d}x}$，在方程 $F(x, y) = 0$ 两边分别对 x 求导，即

$$\frac{\mathrm{d}}{\mathrm{d}x}[F(x, y)] = 0 \tag{3.3.1}$$

然后解出 $\dfrac{\mathrm{d}y}{\mathrm{d}x}$.

注：式 (3.3.1) 左边对 x 求导数 $\dfrac{\mathrm{d}}{\mathrm{d}x}[F(x, y)] = 0$ 时，应将 y 看成 x 的函数，再利用复合函数的求导法则对 x 求导.

例 3.3.1　求由方程 $x^2 + y + y^2 = 3$ 所确定的隐函数的导数 $\dfrac{\mathrm{d}y}{\mathrm{d}x}$.

解　将方程两边分别对 x 求导，得

$$2x + \frac{\mathrm{d}y}{\mathrm{d}x} + 2y\frac{\mathrm{d}y}{\mathrm{d}x} = 0$$

解出 $\dfrac{\mathrm{d}y}{\mathrm{d}x}$，得

$$\frac{\mathrm{d}y}{\mathrm{d}x} = -\frac{2x}{1 + 2y}(1 + 2y \neq 0)$$

注：由于隐函数常常解不出 $y = f(x)$ 的显函数，因此在导数 $\dfrac{\mathrm{d}y}{\mathrm{d}x}$ 的表达式中往往同时含有 x 和 y.

例 3.3.2 求由方程 $xy - e^x + e^y = 0$ 所确定的隐函数的导数 $\dfrac{dy}{dx}$ 和 $\dfrac{dy}{dx}\Big|_{x=0}$.

解 将方程两边分别对 x 求导，得

$$\left(1 \cdot y + x\frac{dy}{dx}\right) - e^x + e^y\frac{dy}{dx} = 0$$

解出 $\dfrac{dy}{dx}$，得

$$\frac{dy}{dx} = \frac{e^x - y}{e^y + x}$$

因为当 $x = 0$ 时，从原方程得 $y = 0$，所以

$$\frac{dy}{dx}\Big|_{x=0} = \frac{e^x - y}{e^y + x}\Big|_{x=0} = 1$$

例 3.3.3 求椭圆 $\dfrac{x^2}{4} + \dfrac{y^2}{9} = 1$ 在点 $\left(\sqrt{2},\ \dfrac{3}{2}\sqrt{2}\right)$ 处的切线方程.

解 将椭圆方程两边分别对 x 求导，得

$$\frac{2x}{4} + \frac{2y}{9}\frac{dy}{dx} = 0$$

从而

$$\frac{dy}{dx} = -\frac{9x}{4y}$$

由导数的几何意义知，所求切线的斜率为

$$\frac{dy}{dx}\Big|_{\left(\sqrt{2},\frac{3}{2}\sqrt{2}\right)} = -\frac{9x}{4y}\Big|_{\left(\sqrt{2},\frac{3}{2}\sqrt{2}\right)} = -\frac{3}{2}$$

故所求的切线方程为

$$y - \frac{3}{2}\sqrt{2} = -\frac{3}{2}(x - \sqrt{2})$$

即

$$3x + 2y - 6\sqrt{2} = 0$$

3.3.2 对数求导法

学习了隐函数求导方法以后，下面为大家介绍一种新的求导方法——对数求导法.

当 $y = f(x)$ 是由几个因子通过乘、除、乘方或开方所构成的比较复杂的函数时，可先对表达式两边取对数，化乘、除为加减，化乘方、开方为乘积，再运用隐函数求导数的方法求出导数 y'，这种方法称为**对数求导法**.

例 3.3.4 求 $y = x^{\sqrt{x}}$ 的导数.

解 将函数两边取对数，得

$$\ln y = \sqrt{x}\ln x$$

上式两边同时对 x 求导，得

$$\frac{1}{y} \cdot y' = \frac{1}{2\sqrt{x}}\ln x + \frac{\sqrt{x}}{x}$$

于是

$$y' = y\left(\frac{\ln x}{2\sqrt{x}} + \frac{\sqrt{x}}{x}\right) = \frac{\sqrt{x}}{2x} x^{\sqrt{x}}\left(\ln x + 2\right)$$

例 3.3.5 求函数 $y = \dfrac{(x+1)^2 \sqrt{x-1}}{(2x+5)^3 e^x}$ 的导数.

解 将函数两边取对数, 得

$$\ln y = 2\ln(x+1) + \frac{1}{2}\ln(x-1) - 3\ln(2x+5) - x$$

上式两边同时对 x 求导, 得

$$\frac{1}{y} \cdot y' = \frac{2}{x+1} + \frac{1}{2(x-1)} - \frac{6}{2x+5} - 1$$

于是

$$y' = y\left[\frac{2}{x+1} + \frac{1}{2(x-1)} - \frac{6}{2x+5} - 1\right]$$

$$= \frac{(x+1)^2 \sqrt{x-1}}{(2x+5)^3 e^x}\left[\frac{2}{x+1} + \frac{1}{2(x-1)} - \frac{6}{2x+5} - 1\right]$$

*3.3.3 由参数方程所确定的函数的导数

在有些情况下, y 关于 x 的函数需要用参数方程来表示, 例如

$$\begin{cases} x = \varphi(t) \\ y = \psi(t) \end{cases} (a \leqslant t \leqslant b) \tag{3.3.2}$$

在一般情况下, 通过消去参数 t 而得到显函数 $y = y(x)$ 是很困难的. 那么我们怎样才能直接由参数方程 (3.3.2) 算出它所确定的函数的导数呢?

在式(3.3.2) 中, 若 $x = \varphi(t)$ 是连续的单调函数, 则其反函数 $t = \varphi^{-1}(x)$ 存在, 因此由参数方程 (3.3.2) 所确定的函数 $y = y(x)$ 可看作是由 $y = \psi(t)$ 和 $t = \varphi^{-1}(x)$ 复合而成的.

现假定 $x = \varphi(t)$, $y = \psi(t)$ 均可导, 且 $\varphi'(t) \neq 0$, 则根据复合函数的求导法则与反函数的求导公式有

$$\frac{dy}{dx} = \frac{dy}{dt} \cdot \frac{dt}{dx} = \frac{\dfrac{dy}{dt}}{\dfrac{dx}{dt}} = \frac{\psi'(t)}{\varphi'(t)} \tag{3.3.3}$$

这就是参数方程 $\begin{cases} x = \varphi(t) \\ y = \psi(t) \end{cases} (a \leqslant t \leqslant b)$ 所确定的函数 $y = y(x)$ 的求导公式.

例 3.3.6 求椭圆的参数方程 $\begin{cases} x = a\cos t \\ y = b\sin t \end{cases} (0 \leqslant t \leqslant \pi)$ 所确定的函数 $y = y(x)$ 的导数.

解 由公式, 得

$$\frac{dy}{dx} = \frac{\dfrac{dy}{dt}}{\dfrac{dx}{dt}} = \frac{(b\sin t)'}{(a\cos t)'} = \frac{b\cos t}{-a\sin t} = -\frac{b}{a}\cot t$$

例 3.3.7 求曲线 $\begin{cases} x = \sqrt{1+t} \\ y = \sqrt{1-t} \end{cases}$ 在 $t=0$ 处的切线方程.

解 当 $t=0$ 时，已知曲线上的对应点为 $(1,1)$. 因为

$$\frac{dy}{dx} = \frac{\dfrac{dy}{dt}}{\dfrac{dx}{dt}} = \frac{(\sqrt{1-t})'}{(\sqrt{1+t})'} = \frac{\dfrac{-1}{2\sqrt{1-t}}}{\dfrac{1}{2\sqrt{1+t}}} = -\frac{\sqrt{1+t}}{\sqrt{1-t}}$$

所以，所求切线的斜率为

$$\frac{dy}{dx}\bigg|_{t=0} = -\frac{\sqrt{1+t}}{\sqrt{1-t}}\bigg|_{t=0} = -1$$

因此，所求切线的方程为

$$y-1 = -1(x-1)$$

即

$$x+y-2=0$$

习题 3.3

1. 求下列函数的导数

(1) $y^3 = 3y - 2x$；

(2) $x^3 + y^3 - 3xy = 0$；

(3) $y = 1 - xe^y$；

(4) $xy + \ln y = 1$；

(5) $y = \sqrt{x\sin x}\sqrt{1-e^x}$；

(6) $y = x^{\sin x}$ $(x>0)$.

2. 计算下列各题

(1) 设 $\begin{cases} x = 1-t^2 \\ y = t-t^3 \end{cases}$，求 $\dfrac{dy}{dx}$；

(2) 设 $\begin{cases} x = 5(t-\sin t) \\ y = 5(1-\cos t) \end{cases}$，求 $\dfrac{dy}{dx}$；

(3) 设 $\begin{cases} x = \cos^4 t \\ y = \sin^4 t \end{cases}$，求 $\dfrac{dy}{dx}$.

3. 求曲线 $y^2 + 2\ln y = x^4$ 在点 $(-1,1)$ 处的切线方程.

4. 求曲线 $\begin{cases} x = 1+t^2 \\ y = t^3 \end{cases}$ 在 $t=2$ 处的切线方程.

3.4 高阶导数

设一质点作直线运动，其运动方程为 $s = s(t)$，则由导数概念可知，s 对时间 t 的导数 s' 就是质点在 t 时刻的瞬时速度 $v(t)$，即 $v(t) = s'$，而 $v(t)$ 对时间 t 的导数 $v'(t)$ 就是质点在 t 时刻的加速度 $a(t)$，即 $a(t) = v'(t) = (s')'$. 这种导数 $(s')'$ 称为 s 对 t 的二阶导数.

定义 3.4.1 如果函数 $y = f(x)$ 的导数 $f'(x)$ 在点 x 处的导数存在，则称 $f'(x)$ 在点 x 处的导数为函数 $y = f(x)$ 的**二阶导数**，记作 y''，$f''(x)$ 或 $\dfrac{\mathrm{d}^2 y}{\mathrm{d} x^2}$，$\dfrac{\mathrm{d}}{\mathrm{d} x}\left(\dfrac{\mathrm{d} y}{\mathrm{d} x}\right)$，即

$$y'' = \frac{\mathrm{d}^2 y}{\mathrm{d} x^2} = (y')'$$

相应地，把 $y = f(x)$ 的导数 $f'(x)$，叫做函数 $y = f(x)$ 的**一阶导数**.

类似地，如果二阶导数 $f''(x)$ 的导数存在，则称 $f''(x)$ 的导数为原来函数 $y = f(x)$ 的**三阶导数**；三阶导数的导数叫做四阶导数，……，一般地，函数 $y = f(x)$ 的 $n-1$ 阶导数的导数叫做 **n 阶导数**，分别记作

$$y'', \ y''', \ y^{(4)}, \ \cdots, \ y^{(n)} \quad \text{或} \quad \frac{\mathrm{d}^2 y}{\mathrm{d} x^2}, \ \frac{\mathrm{d}^3 y}{\mathrm{d} x^3}, \ \frac{\mathrm{d}^4 y}{\mathrm{d} x^4}, \ \cdots, \ \frac{\mathrm{d}^n y}{\mathrm{d} x^n}$$

且有

$$y^{(n)} = \left[y^{(n-1)} \right]' \quad \text{或} \quad \frac{\mathrm{d}^n y}{\mathrm{d} x^n} = \frac{\mathrm{d}}{\mathrm{d} x}\left(\frac{\mathrm{d}^{n-1} y}{\mathrm{d} x^{n-1}}\right)$$

二阶及二阶以上的导数统称为**高阶导数**，显然，求高阶导数并不需要新的方法，只要逐阶求导，直到所要求的阶数即可，也就是说，我们仍可用前面学过的求导方法来计算高阶导数.

例 3.4.1 求 $y = x e^x$ 的二阶导数.

解 $y' = x' \cdot e^x + x \cdot (e^x)' = e^x + x e^x = (1 + x) e^x$

$y'' = (1 + x)' \cdot e^x + (1 + x) \cdot (e^x)' = e^x + (1 + x) e^x = (2 + x) e^x$

例 3.4.2 求 $y = \ln(1 + x^2)$ 的二阶导数.

解 $y' = \dfrac{1}{1 + x^2} \cdot (1 + x^2)' = \dfrac{2x}{1 + x^2}$

$y'' = \dfrac{(2x)' \cdot (1 + x^2) - 2x \cdot (1 + x^2)'}{(1 + x^2)^2} = \dfrac{2(1 + x^2) - 2x \cdot 2x}{(1 + x^2)^2} = \dfrac{2(1 - x^2)}{(1 + x^2)^2}$

例 3.4.3 求指数函数 $y = e^x$ 的 n 阶导数.

解 $y' = e^x$，$y'' = e^x$，$y''' = e^x$，$y^{(4)} = e^x$. 一般地，可得 $y^{(n)} = e^x$，即 $(e^x)^{(n)} = e^x$.

例 3.4.4 求函数 $y = \dfrac{1}{1 + x}$ 的 n 阶导数.

解 $y' = -\dfrac{1}{(1 + x)^2}$，$y'' = \dfrac{1 \times 2}{(1 + x)^3}$，$y''' = -\dfrac{1 \times 2 \times 3}{(1 + x)^4}$，$y^{(4)} = \dfrac{1 \times 2 \times 3 \times 4}{(1 + x)^5}$

依此类推，可得

$$y^{(n)} = (-1)^n \frac{n!}{(1 + x)^{n+1}}$$

例 3.4.5 求函数 $y = \sin x$ 的 n 阶导数.

解

$$y' = (\sin x)' = \cos x = \sin\left(x + \frac{\pi}{2}\right)$$

$$y'' = \cos\left(x + \frac{\pi}{2}\right) = \sin\left(x + 2 \times \frac{\pi}{2}\right)$$

$$y''' = \cos\left(x + 2 \times \frac{\pi}{2}\right) = \sin\left(x + 3 \times \frac{\pi}{2}\right)$$

从而可归纳出一般规律

$$y^{(n)} = (\sin x)^{(n)} = \sin\left(x + n \cdot \frac{\pi}{2}\right)$$

习题 3.4

1. 求下列函数的二阶导数

（1）$y = (10 + x)^6$；　　　　（2）$y = 2x^2 - \cos 3x$；

（3）$y = (1 - x^2)^{\frac{3}{2}}$；　　　　（4）$y = x\mathrm{e}^{x^2}$.

2. 设 $f(x) = 3x^3 + 4x^2 - 5x - 9$，求 $f''(1)$，$f'''(1)$，$f^{(4)}(1)$.

3. 求下列函数的 n 阶导数

（1）$y = x^4 + x^2 + 1$；　　　　（2）$y = \mathrm{e}^{-x}$；

（3）$y = \dfrac{1 - x}{1 + x}$；　　　　（4）$y = \sin^2 x$.

4. 设质点作直线运动，其运动规律为 $s(t) = A\cos\dfrac{\pi t}{3}$，求质点在时刻 $t = 1$ 时的速度和加速度.

3.5　微分及其运算

3.5.1　微分的定义

引例　如图 3.2 所示，一块正方形金属薄片受温度变化的影响，其边长由 x_0 变到 $x_0 + \Delta x$，问此薄片的面积改变了多少？

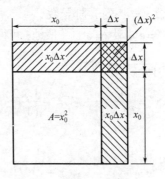

图 3.2

设此薄片的边长为 x，面积为 A，则 A 是 x 的函数：$A = x^2$. 薄片受温度变化的影响时面积的改变量，可以看成是当自变量 x 自 x_0 取得增量 Δx 时，函数 A 相应的增量 ΔA，即

$$\Delta A = (x_0 + \Delta x)^2 - x_0^2 = 2x_0 \Delta x + (\Delta x)^2$$

从上式可以看出，ΔA 分成两部分，第一部分 $2x_0 \Delta x$ 是 Δx 的线性函数，即图中带有斜线的两个矩形面积之和，而第二部分 $(\Delta x)^2$ 在图中是带有交叉斜线的小正方形的面积，当 $\Delta x \to 0$ 时，第二部分 $(\Delta x)^2$ 是比 Δx 高阶的无穷小，即 $(\Delta x)^2 = o(\Delta x)$. 由此可见，如果边长改变很微小，即 $|\Delta x|$ 很小时，面积的改变量 ΔA 可近似地用第一部分来代替，即

$$\Delta A \approx 2x_0 \Delta x$$

此式作为 ΔA 的近似值，略去的部分 $(\Delta x)^2$ 是比 Δx 高阶的无穷小.

这个问题在数量关系上的特点：函数的改变量可以表示成两部分，一部分为自变量增量的线性函数，另一部分是当自变量增量趋于零时，比自变量增量高阶的无穷小，据此特点，便形成了微分的概念.

定义 3.5.1 设函数 $y = f(x)$ 在点 x_0 的某邻域内有定义，当自变量 x 在点 x_0 处有增量 Δx（点 $x_0 + \Delta x$ 仍在邻域内）时，如果函数的增量 $\Delta y = f(x_0 + \Delta x) - f(x_0)$ 可表示为

$$\Delta y = A\Delta x + o(\Delta x)$$

其中，A 是不依赖于 Δx 的常数，而 $o(\Delta x)$ 是比 Δx 高阶的无穷小，那么称函数 $y = f(x)$ 在点 x_0 处**可微**，而 $A\Delta x$ 叫做函数 $y = f(x)$ 在点 x_0 相应于自变量增量 Δx 的**微分**，记作 $dy\,|_{x=x_0}$，即

$$dy\,|_{x=x_0} = A\Delta x$$

函数的微分 $A\Delta x$ 是 Δx 的线性函数，且与函数的改变量 Δy 相差一个比 Δx 更高阶的无穷小，当 $\Delta x \to 0$ 时，它是 Δy 的主要部分，所以也称微分 dy 是改变量 Δy 的线性主部，当 $|\Delta x|$ 很小时，就可以用微分 dy 作为改变量 Δy 的近似值：$\Delta y \approx dy$.

如果函数 $y = f(x)$ 在点 x_0 处可微，按定义有 $\Delta y = A\Delta x + o(\Delta x)$，两端同除以 Δx，取 $\Delta x \to 0$ 的极限，得

$$\lim_{\Delta x \to 0} \frac{\Delta y}{\Delta x} = \lim_{\Delta x \to 0} \left[A + \frac{o(\Delta x)}{\Delta x} \right] = A$$

这表明若 $y = f(x)$ 在点 x_0 处可微，则在 x_0 处必定可导，且 $A = f'(x_0)$.

反之，如果函数 $y = f(x)$ 在点 x_0 处可导，即 $\lim\limits_{\Delta x \to 0} \dfrac{\Delta y}{\Delta x} = f'(x_0)$ 存在，根据极限与无穷小的关系，上式可写成 $\dfrac{\Delta y}{\Delta x} = f'(x_0) + \alpha$，其中 α 为 $\Delta x \to 0$ 时的无穷小，从而

$$\Delta y = f'(x_0)\Delta x + \alpha \Delta x$$

这里 $f'(x_0)$ 是不依赖于 Δx 的常数，当 $\Delta x \to 0$ 时 $\alpha \Delta x$ 是比 Δx 高阶的无穷小. 按微分的定义，可见 $f(x)$ 在点 x_0 处是可微的，且微分为 $f'(x_0)\Delta x$.

定理 3.5.1 函数 $y = f(x)$ 在点 x_0 处可微的充分必要条件是在点 x_0 处可导，且

$$dy\,|_{x=x_0} = f'(x_0)\Delta x$$

如果函数 $y = f(x)$ 在某区间内每一点处都可微，则称函数在该区间内是可微函数．函数在区间内任一点 x 处的微分

$$dy = f'(x)\Delta x$$

由于自变量 $y = x$ 的微分 $dy = dx = (x)'\Delta x = \Delta x$，所以函数 $y = f(x)$ 的微分记作

$$dy = f'(x)dx$$

由此还可得 $f'(x) = \dfrac{dy}{dx}$，这是导数记号 $\dfrac{dy}{dx}$ 的来历，同时也表明导数是函数的微分 dy 与自变量的微分 dx 的商，故导数也称为"**微商**"．

例 3.5.1 求函数 $y = x^2$ 在 $x = 1$ 处，对应于自变量的改变量 Δx 分别为 0.1 和 0.01 时的改变量 Δy 及微分 dy．

解
$$\Delta y = (x_0 + \Delta x)^2 - x_0^2 = 2x_0\Delta x + \Delta x^2$$
$$dy\,|_{x=x_0} = (x^2)'\Delta x\,|_{x=x_0} = 2x_0\Delta x$$

在 $x_0 = 1$ 处，当 $\Delta x = 0.1$ 时，$\Delta y = 0.21$，$dy = 0.2$；

当 $\Delta x = 0.01$ 时，$\Delta y = 0.0201$，$dy = 0.02$．

例 3.5.2 求函数 $y = x\ln x$ 的微分．

解
$$y' = (x\ln x)' = \ln x + 1$$
$$dy = y'dx = (1 + \ln x)dx$$

3.5.2 微分的几何意义

在直角坐标系中，函数 $y = f(x)$ 的图形是一条曲线．对于某一固定的 x_0 值，曲线上有一个确定点 $M(x_0, y_0)$，当自变量 x 有微小增量 Δx 时，就得到曲线上另一点 $N(x_0 + \Delta x, y_0 + \Delta y)$．从图 3.3 可知

$$MQ = \Delta x, \quad QN = \Delta y$$

过 M 点作曲线的切线，它的倾斜角为 α，则

$$QP = MQ \cdot \tan\alpha = \Delta x \cdot f'(x_0) = f'(x_0)\Delta x$$

即

$$dy = QP$$

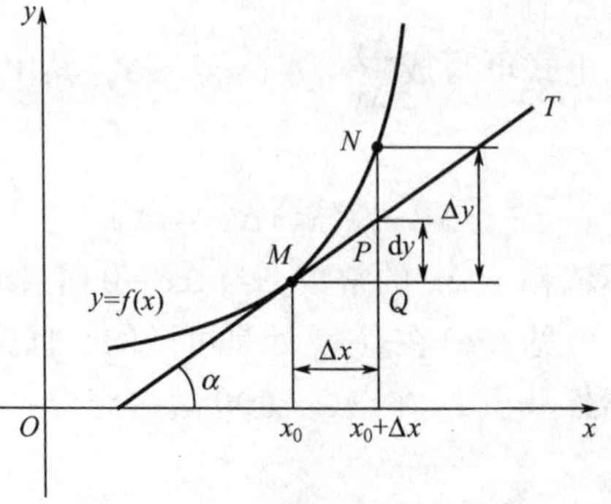

图 3.3

因此，函数 $y = f(x)$ 在点 x_0 处的微分 dy，在几何上表示函数图像在点 $M(x_0, y_0)$ 处切线的纵坐标的相应改变量.

由图 3.3 还可以看出：

（1）线段 PN 的长表示用 dy 来近似代替所产生的误差，当 $|\Delta x| = |dx|$ 很小时，它比 $|dy|$ 要小得多；

（2）近似公式 $\Delta y \approx dy$ 表示当 $\Delta x \to 0$ 时，以 PQ 近似代替 NQ，即以图象在点 M 处的切线来近似代替曲线本身，即在一点的附近可以用"直"代"曲"．这就是以微分近似函数改变量之所以简便的本质所在，这个重要思想以后还要多次用到.

3.5.3 微分的运算法则

从微分表达式可看出 $dy = f'(x)dx$，计算函数的微分只需计算出其导数，再乘以其自变量的微分即可．并且利用这个表达式，函数和差积商的求导数法则和基本初等函数的求导公式，都可以直接转化为相应的微分法则和公式.

1. 基本初等函数的微分公式

（1）$d(C) = 0$（C 为常数）；

（2）$d(x^\mu) = \mu x^{\mu-1}dx$（$\mu$ 为实数）；

（3）$d(\sin x) = \cos x dx$；

（4）$d(\cos x) = -\sin x dx$；

（5）$d(\tan x) = \sec^2 x dx$；

（6）$d(\cot x) = -\csc^2 x dx$；

（7）$d(\sec x) = \sec x \tan x dx$；

（8）$d(\csc x) = -\csc x \cot x dx$；

（9）$d(a^x) = a^x \ln a dx$（$a > 0, a \neq 1$）；

（10）$d(e^x) = e^x dx$；

（11）$d(\log_a x) = \dfrac{1}{x\ln a}dx$（$a > 0, a \neq 1$）；

（12）$d(\ln x) = \dfrac{1}{x}dx$；

（13）$d(\arcsin x) = \dfrac{1}{\sqrt{1-x^2}}dx$；

（14）$d(\arccos x) = -\dfrac{1}{\sqrt{1-x^2}}dx$；

（15）$d(\arctan x) = \dfrac{1}{1+x^2}dx$；

（16）$d(\operatorname{arccot} x) = -\dfrac{1}{1+x^2}dx$.

2. 函数和、差、积、商的微分法则

设函数 $u = u(x)$，$v = v(x)$ 在点 x 处可微，C 为常数，则有

(1) $\mathrm{d}(u \pm v) = \mathrm{d}u \pm \mathrm{d}v$;

(2) $\mathrm{d}(u \cdot v) = v\mathrm{d}u + u\mathrm{d}v$;

(3) $\mathrm{d}(Cu) = C\mathrm{d}u$;

(4) $\mathrm{d}\left(\dfrac{u}{v}\right) = \dfrac{v\mathrm{d}u - u\mathrm{d}v}{v^2}$ $(v \neq 0)$.

例 3.5.3 求函数 $y = 3x^2 - \dfrac{1}{x} + 2$ 的微分.

解 $\mathrm{d}y = \mathrm{d}\left(3x^2 - \dfrac{1}{x} + 2\right) = \mathrm{d}(3x^2) - \mathrm{d}\left(\dfrac{1}{x}\right) + \mathrm{d}(2)$

$$= 6x\mathrm{d}x + \dfrac{1}{x^2}\mathrm{d}x = \left(6x + \dfrac{1}{x^2}\right)\mathrm{d}x$$

例 3.5.4 求函数 $y = x\ln x$ 的微分.

解 $\mathrm{d}y = \ln x\mathrm{d}x + x\mathrm{d}(\ln x) = \ln x\mathrm{d}x + x \cdot \dfrac{1}{x}\mathrm{d}x = (\ln x + 1)\mathrm{d}x$

3. 复合函数的微分法则

(1) 设 $y = f(u)$, u 为自变量, 则 $\mathrm{d}y = f'(u)\mathrm{d}u$;

(2) 设 $y = f(u)$ 及 $u = \varphi(x)$ 都可导, 则复合函数 $y = f[\varphi(x)]$ 的微分为

$$\mathrm{d}y = y_x'\mathrm{d}x = f'(u)\varphi'(x)\mathrm{d}x$$

由于 $\varphi'(x)\mathrm{d}x = \mathrm{d}u$, 所以, 复合函数 $y = f[\varphi(x)]$ 的微分公式也可以写成

$$\mathrm{d}y = f'(u)\mathrm{d}u \quad \text{或} \quad \mathrm{d}y = y_u'\mathrm{d}u$$

综上所述, 无论 u 是自变量还是中间变量, 函数 $y = f(u)$ 的微分总保持同一形式 $\mathrm{d}y = f'(u)\mathrm{d}u$, 这一性质称为**一阶微分形式不变性**. 一般地, 利用一阶微分形式不变性求复合函数的微分比较方便.

例 3.5.5 求函数 $y = \ln(\sin 2x)$ 的微分.

解 $\mathrm{d}y = \mathrm{d}(\ln(\sin 2x)) = \dfrac{1}{\sin 2x}\mathrm{d}(\sin 2x) = \dfrac{1}{\sin 2x} \cdot \cos 2x \cdot \mathrm{d}(2x) = 2\cot 2x\mathrm{d}x$

例 3.5.6 求函数 $y = \dfrac{\mathrm{e}^{3x}}{x}$ 的微分.

解 $\mathrm{d}y = \mathrm{d}\left(\dfrac{\mathrm{e}^{3x}}{x}\right) = \dfrac{x\mathrm{d}(\mathrm{e}^{3x}) - \mathrm{e}^{3x}\mathrm{d}x}{x^2} = \dfrac{3x\mathrm{e}^{3x}\mathrm{d}x - \mathrm{e}^{3x}\mathrm{d}x}{x^2} = \dfrac{3x-1}{x^2}\mathrm{e}^{3x}\mathrm{d}x$

3.5.4 微分在近似计算中的应用

设函数 $y = f(x)$ 在 x_0 处的导数 $f'(x_0) \neq 0$, 且 $|\Delta x|$ 很小时, 我们有近似公式

$$\Delta y \approx \mathrm{d}y$$

$$f(x_0 + \Delta x) - f(x_0) \approx f'(x_0)\Delta x \tag{3.5.1}$$

或

$$f(x_0 + \Delta x) \approx f(x_0) + f'(x_0)\Delta x \tag{3.5.2}$$

在式(3.5.2)中令 $x_0 + \Delta x = x$，则
$$f(x) \approx f(x_0) + f'(x_0)(x - x_0) \tag{3.5.3}$$
特别地，当 $x_0 = 0, |x|$ 很小时，有
$$f(x) \approx f(0) + f'(0)x \tag{3.5.4}$$

这里，式(3.5.1)可用于求函数增量的近似值，而式(3.5.2)、式(3.5.3)和式(3.5.4)可用来求函数的近似值.

例 3.5.7 计算 arctan0.98 的近似值.

解 设 $f(x) = \arctan x$，由近似公式 $f(x_0 + \Delta x) \approx f(x_0) + f'(x_0)\Delta x$，有
$$\arctan(x_0 + \Delta x) \approx \arctan x_0 + \frac{1}{1 + x_0^2}\Delta x$$

取 $x_0 = 1$，$\Delta x = -0.02$，有
$$\arctan 0.98 = \arctan(1 - 0.02) \approx \arctan 1 + \frac{1}{1 + 1^2} \times (-0.02) = \frac{\pi}{4} - 0.01 \approx 0.775$$

应用公式 $f(x) \approx f(0) + f'(0)x$ 可以推得以下几个在工程上常用的近似公式（下面都假定 $|x|$ 是很小的数值）：

(1) $(1 + x)^\alpha \approx 1 + \alpha x$（$\alpha$ 为常数）；   (2) $\sin x \approx x$（x 用弧度作单位）；

(3) $\tan x \approx x$（x 用弧度作单位）；   (4) $e^x \approx 1 + x$；

(5) $\ln(1 + x) \approx x$.

例 3.5.8 求 $\sqrt[3]{63}$ 的近似值.

解 因为
$$\sqrt[3]{63} = \sqrt[3]{64 - 1} = \sqrt[3]{64\left(1 - \frac{1}{64}\right)} = 4\sqrt[3]{1 - \frac{1}{64}}$$

所以
$$\sqrt[3]{63} = 4\sqrt[3]{1 - \frac{1}{64}} \approx 4\left[1 + \frac{1}{3} \times \left(-\frac{1}{64}\right)\right] = 4 - \frac{1}{48} \approx 3.979$$

例 3.5.9 求 $\tan 1°$ 的近似值.

解
$$\tan 1° = \tan\frac{\pi}{180} \approx \frac{\pi}{180} \approx 0.017$$

习题 3.5

1. 将适当的函数填入下面括号里

(1) d(   ) $= \sin x \, dx$；   (2) d(   ) $= \dfrac{1}{1 + x} dx$；

(3) d(   ) $= \sqrt{x} \, dx$；   (4) d(   ) $= \dfrac{1}{x^2} dx$；

(5) d(   ) $= e^{-3x} dx$；   (6) d(   ) $= e^{2x} dx$；

2. 求下列函数的微分

(1) $y = x^2 + \sin x$；   (2) $y = \tan x$；

(3) $y = 3\sqrt[8]{x} - \dfrac{1}{x}$；   (4) $y = x \arctan x$；

(5) $y = xe^x$;　　　　　　　　　　(6) $y = (3x-1)^{100}$;

(7) $y = 3^{\ln\cos x}$;　　　　　　　　(8) $y = \tan^2(1+x^2)$.

3. 一个充满气的气球, 半径为 4m, 升空后, 因外部气压降低, 气球的半径增大了 10cm, 问气球的体积近似增加多少?

4. 求下列近似值

(1) $e^{0.01}$;　　　　(2) $e^{1.98}$;　　　　(3) $\sqrt{1.02}$;　　　　(4) $\sqrt[6]{65}$.

复习题三

1. 选择题

(1) 设函数 $f(x) = \ln 2$, 则 $\lim\limits_{\Delta x \to 0} \dfrac{f(x+\Delta x) - f(x)}{\Delta x} = ($ 　　　$)$.

A. 2　　　　　　B. $\dfrac{1}{2}$　　　　　　C. ∞　　　　　　D. 0

(2) 设函数 $y = f(x)$ 在 $x = 0$ 处可导, 且 $f(0) = 0$, 则 $\lim\limits_{x \to 0} \dfrac{f(tx)}{x} = ($ 　　　$)$.

A. 0　　　　B. $f'(0)$　　　　C. $tf'(0)$　　　　D. $\dfrac{f'(0)}{t}$

(3) 设函数 $y = f(x)$ 在 x_0 处存在 $f'_-(x_0)$ 和 $f'_+(x_0)$, 则 $f'_-(x_0) = f'_+(x_0)$ 是导数 $f'(x_0)$ 存在的 $($ 　　　$)$.

　A. 必要不充分条件　　　　　　*B.* 充分不必要条件

　C. 充分必要条件　　　　　　　*D.* 既不充分也不必要条件

(4) 设 $y = f(-x)$, 则 $y' = ($ 　　　$)$.

　A. $f'(x)$　　　　　　　　　　B. $-f'(x)$

　C. $f'(-x)$　　　　　　　　　D. $-f'(-x)$

(5) 若曲线 $f(x) = 3x^2 - 3x - 17$ 上点 M 处的切线斜率是 15, 则点 M 的坐标为 $($ 　　　$)$.

　A. $(3, 15)$　　　　　　　　　B. $(3, 1)$

　C. $(-3, 15)$　　　　　　　　D. $(-3, 1)$

(6) 设 $f(x)$ 为可导的偶函数, 则曲线 $y = f(x)$ 在其上任一点 (x, y) 和 $(-x, y)$ 处的切线斜率 $($ 　　　$)$.

　A. 彼此相等　　　　　　　　　B. 互为相反数

　C. 互为倒数　　　　　　　　　D. 互为负倒数

(7) 函数 $y = f(x)$ 在点 x_0 处可导是其在该点可微的 $($ 　　　$)$.

　A. 必要不充分条件　　　　　　B. 充分不必要条件

　C. 充分必要条件　　　　　　　D. 既不充分也不必要条件

(8) 已知函数 $f(x) = ax^2 + bx + 2$ 且 $f(2) = f'(2) = f''(2)$, 则 $($ 　　　$)$.

　A. $a = 1$, $b = -2$　　　　　　　B. $a = -1$, $b = -2$

C. $a = -1$，$b = 2$　　　　D. $a = 1$，$b = 2$

2. 填空题

（1）若 $\lim\limits_{\Delta x \to 0} \dfrac{f(\Delta x)}{\Delta x} = A$，且 $f(0) = 0$，$f'(0)$ 存在，则 A = _____．

（2）若函数 $f(x)$ 在点 x_0 处可导，且 $\lim\limits_{x \to x_0} f(x) = \dfrac{2}{5}$，则 $f(x_0) =$ _____．

（3）函数 $y = \ln x$ 在点 $(1, 0)$ 处法线斜率 $k =$ _____．

（4）设 $f(x) = \mathrm{e}^{\arctan \sqrt{x}}$，则 $\lim\limits_{x \to 1} \dfrac{f(1) - f(x)}{1 - x} =$ _____．

（5）若 $f(x)$ 在 $x = a$ 处可导，且 $g(x) = f(x) - f'(a)(x - a) - f(a)$，则 $g'(a) =$ _____．

（6）d _____ $= \cos \omega t \mathrm{d}t$．

（7）d _____ $= \dfrac{1}{\sqrt{x}} \mathrm{d}x$．

（8）d _____ $= 2x\mathrm{e}^{x^2} \mathrm{d}x$．

3. 判断题

（1）初等函数在定义域内处处可导．　　　　　　　　　　（　　）

（2）若函数 $y = f(x)$ 在点 x_0 处不连续，则函数 $y = f(x)$ 在点 x_0 处一定不可导．　　　　　　　　　　　　　　　　　　　　（　　）

（3）设函数 $f(x)$，$g(x)$ 在点 x_0 处不可导，则函数 $f(x) + g(x)$ 在点 x_0 处必不可导．　　　　　　　　　　　　　　　　　　（　　）

（4）设函数 $y = f(x)$ 在 x_0 点处 $f'_-(x_0)$，$f'_+(x_0)$ 都存在，则 $f(x)$ 在点 x_0 处必可导．　　　　　　　　　　　　　　　　　　（　　）

（5）函数 $f(x)$ 在 x_0 点可导，则 $f(x)$ 在 x_0 点必连续．　　（　　）

（6）设函数 $y = f(x)$ 在 $x = 0$ 处可导，且 $f(0) = 0$ 则 $f'(0) = 0$．（　　）

4. 求下列函数的导数

（1）$y = 3x^3 + 3^x + \ln x + 3^3$；

（2）$y = \cos x + x^2 \sin x$；

（3）$y = x\mathrm{e}^x \ln x$；

（4）$y = \ln^2 x$；

（5）$y = \ln \tan 2x$．

5. 如果函数 $f(x) = ax^2 + bx + 2$，且 $f(2) = f'(2) = f''(2)$，求 $f(3)$，$f'(3)$，$f''(3)$．

6. 计算下列函数微积分

（1）$y = \dfrac{1}{2} + 2\sqrt{x}$；

（2）$y = x\sin 2x$；

（3）$y = [\ln(1 - x)]^2$

（4）$y = x^2 \mathrm{e}^{2x}$．

阅读与欣赏（三）

牛　　顿

艾萨克·牛顿（1643—1727），英国皇家学会会长，英国著名的物理学家，百科全书式的"全才"，著有《自然哲学的数学原理》《光学》．牛顿从小就酷爱读书，喜欢沉思，爱动手做一些小机械之类的小玩意，显示了他的智力高于同龄孩子的智力．中学时代，牛顿的学习成绩并不出众，只是爱好读书，对自然现象有好奇心，如颜色、日影四季的移动，尤其喜欢几何学、哥白尼的日心说等．

在剑桥大学，牛顿遇到他的恩师巴罗，在巴罗的悉心栽培下，牛顿的学业进步很大，牛顿掌握了算术、几何，学习了欧几里得的《几何原理》，阅读了开普勒的《光学》、笛卡尔的《几何学》《哲学原理》和华莱士的《无穷算术》等著作，特别是笛卡尔的《几何学》和华莱士的《无穷算术》对牛顿的数学思想的形成影响很大．1665 年，英国发生了一场鼠疫，学校停课放假，牛顿回到了老家，开始了科学研究．牛顿思考了自然科学领域中的一些前人从来没有涉及过的领域，创建了前所未有的伟大业绩．在两年多的时间里，牛顿发现万有引力定律及其证明；通过分解太阳光，揭开了光颜色的秘密；创立了微积分．牛顿一生的最大成就都发生在这一时期，是牛顿科学生涯的黄金岁月，这时他才 23 岁．1667 年，瘟疫过去，牛顿又回到剑桥大学，由于他在数学上的出色成就，他的老师巴罗于 1669 年 10 月把"卢卡斯教授"职位让给了牛顿，1672 年他被接纳为英国皇家学会会员，1703 年被选为英国皇家学会主席．

除了对微积分的重大贡献以外，牛顿在无穷级数、微分方程、函数理论、变分法和代数等领域也有杰出贡献．牛顿是科学巨人，许多人对他表示由衷的敬佩，拉格朗日不吝言辞地说："他是历史上最有才能的人，也是最幸运的人——因为这个宇宙只能被发现一次。"然而这位科学巨人却谦虚地说："如果我所见到的比笛卡尔远一些，那是因为，我站在了巨人肩上的缘故．"是的，牛顿的微积分整个地改变了数学研究的内容和方向，牛顿把数学应用于物理与天文学上，引起了一场科学革命，为其后的工业革命奠定了基础，世界面貌由此发生了巨大而迅速的变化．

第4章

导数的应用

本章目标 »»

本章主要介绍导数的应用. 通过本章的学习, 要求学生了解罗尔定理、拉格朗日中值定理; 理解函数极值的概念; 会用洛必达法则求极限; 会判断函数的单调性、凸凹性; 会求函数的极值、最值; 学会描绘函数的图形.

————————————— ☆★☆ —————————————

本书第 3 章介绍了导数和微分的概念, 并讨论了它们的计算方法. 本章将利用导数进一步研究函数的某些性质: 函数的单调性, 函数的极值、最值, 凹凸性和拐点等, 并利用这些知识解决一些实际问题.

4.1 微分中值定理与函数的单调性

4.1.1 拉格朗日 (Lagrange) 中值定理

定理 4.1.1 (拉格朗日中值定理) 如果函数 $f(x)$ 满足:

(1) 在闭区间 $[a,b]$ 上连续;

(2) 在开区间 (a,b) 内可导;

那么, 在 (a,b) 内至少有一点 ξ, 使得

$$f'(\xi) = \frac{f(b) - f(a)}{b - a}$$

对于这个定理我们只从几何直观上加以说明: 定理中的条件规定了曲线 $y = f(x)$ 在 P_2 上不间断且在 P_1 内所有点上都存在不垂直于 x 轴的切线. 从几何直观上看 (图 4.1), 连接 $A(a, f(a))$, $B(b, f(b))$ 两点的直线 AB 的斜率是 $k_{AB} = \frac{f(b) - f(a)}{b - a}$. 将 AB 平移, 那么在曲线上至少能找到一点 $P(\xi, f(\xi))$, 使得过点 P 的切线与直线 AB 平行, 从而曲线 $y = f(x)$ 在点 P $(\xi, f(\xi))$ 处的

切线斜率 $f'(\xi)$ 与直线 AB 斜率相等, 即

$$f'(\xi) = \frac{f(b)-f(a)}{b-a}$$

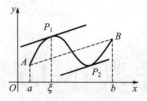

图 4.1

注意: 拉格朗日中值定理的结论另一种写法为 $f(b)-f(a)=f'(\xi)(b-a)$

例 4.1.1 判别函数 $f(x)=x^3$ 在区间 $[-2, 2]$ 上是否满足拉格朗日中值定理的条件? 若满足, 结论中的 ξ 又是什么?

解 显然 $f(x)=x^3$ 在 $[-2,2]$ 上连续, 在 $(-2,2)$ 内可导, 即 $f(x)$ 在 $[-2,2]$ 上满足拉格朗日中值定理的条件.

又 $f'(x)=3x^2$, 故有

$$2^3-(-2)^3=3\xi^2 \cdot [2-(-2)]$$

由此解得 $\xi = \pm\dfrac{2\sqrt{3}}{3}$, 且 $\pm\dfrac{2\sqrt{3}}{3} \in (-2,2)$, 故结论中的 ξ 有两个, 分别是 $\dfrac{2\sqrt{3}}{3}$ 和 $-\dfrac{2\sqrt{3}}{3}$.

必须指出的是, 拉格朗日中值定理的两个条件是使结论成立的充分不必要条件, 另外, 在拉格朗日中值定理中, 若 $f(a)=f(b)$, 则拉格朗日中值定理即罗尔 (Rolle) 中值定理, 所以罗尔中值定理是拉格朗日中值定理的特例.

定理 4.1.2(罗尔定理) 如果函数 $y=f(x)$ 满足下列三个条件:

(1) 在闭区间 $[a,b]$ 上连续;

(2) 在开区间 (a,b) 内可导;

(3) $f(a)=f(b)$;

则至少存在一点 $\xi \in (a, b)$, 使 $f'(\xi)=0$.

罗尔定理的几何意义是: 如果不间断的曲线 $y=f(x)$ 除两端点外处处有不垂直于 x 轴的切线, 且两端点等高, 那么在这条曲线上至少存在一点, 使曲线在该点处的切线与 x 轴平行 (图 4.2).

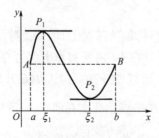

图 4.2

4.1.2 函数的单调性的判定

在这部分内容里，我们着重讨论函数的单调性与其导函数之间的关系，从而提供一种判别函数单调性的方法.

如果函数 $y = f(x)$ 在闭区间 $[a,b]$ 上单调增加，那么它的导数有什么几何特征呢？由图 4.3(a)可看出，曲线 $y = f(x)$ 的切线与 x 轴的夹角 α 总为锐角，从而其导数 $f'(x) = \tan\alpha > 0$；由图 4.3(b)可以看出，若函数 $f(x)$ 在闭区间 $[a,b]$ 单调减少，则曲线 $y = f(x)$ 的切线与 x 轴的夹角 α 总为钝角，从而其导数 $f'(x) < 0$. 事实上由拉格朗日中值定理可以得到下面函数单调性的判定定理.

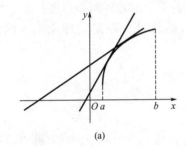 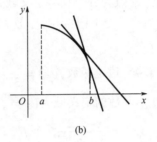

(a)   (b)

图 4.3

由此可见，函数的单调性与函数的导数的符号有关. 下面我们给出函数单调性的判定定理.

定理 4.1.3 设函数 $f(x)$ 在闭区间 $[a,b]$ 连续，在开区间 (a,b) 可导，则有：

(1) 若 $x \in (a,b)$ 时，恒有 $f'(x) > 0$，则 $f(x)$ 在闭区间 $[a,b]$ 上单调增加；

(2) 若 $x \in (a,b)$ 时，恒有 $f'(x) < 0$，则 $f(x)$ 在闭区间 $[a,b]$ 上单调减少.

例 4.1.2 判定函数 $f(x) = \arctan x$ 的单调性.

解 函数 $f(x)$ 的定义域为 $(-\infty, +\infty)$，因为

$$f'(x) = \frac{1}{1+x^2} > 0$$

所以函数 $f(x) = \arctan x$ 在 $(-\infty, +\infty)$ 上单调增加.

例 4.1.3 确定函数 $f(x) = x^3 - 3x$ 的单调区间.

解 函数 $f(x) = x^3 - 3x$ 的定义域为 $(-\infty, +\infty)$，因为

$$f'(x) = 3x^2 - 3 = 3(x-1)(x+1)$$

令 $f'(x) = 0$，可得 $x_1 = -1$，$x_2 = 1$，列表 4-1 如下.

表 4 – 1

x	$(-\infty, -1)$	$(-1, 1)$	$(1, +\infty)$
$f'(x)$	+	–	+
$f(x)$	↗	↘	↗

注：表中"↗"表示单调增加，"↘"表示单调减少.

由表 4 – 1 可知，$f(x)$ 的单调增加区间为 $(-\infty, -1)$ 和 $(1, +\infty)$；单调减少区间为 $(-1, 1)$.

确定函数 $f(x)$ 单调区间的方法和步骤：

（1）确定函数 $f(x)$ 的定义域；

（2）求出 $f'(x) = 0$ 的点和 $f'(x)$ 不存在的点；

（3）上述点为分界点将定义域分成若干个部分区间并列表；

（4）每个子区间上判断导数 $f'(x)$ 的符号，根据定理 4.1.3 确定其单调性.

例 4.1.4 讨论函数 $f(x) = \dfrac{x^2}{3} - \sqrt[3]{x^2}$ 的单调性.

解 （1）函数的定义域为 $(-\infty, +\infty)$；

（2）$f'(x) = \dfrac{2x}{3} - \dfrac{2}{3\sqrt[3]{x}}$，令 $f'(x) = 0$，得 $x_1 = -1$，$x_2 = 1$，此外 $f(x)$ 有不可导点为 $x_3 = 0$；

（3）列表 4 – 2 如下.

表 4 – 2

x	$(-\infty, -1)$	$(-1, 0)$	$(0, 1)$	$(1, +\infty)$
$f'(x)$	–	+	–	+
$f(x)$	↘	↗	↘	↗

（4）由表 4 – 2 可知，函数 $f(x)$ 在区间 $(-\infty, -1)$ 和 $(0, 1)$ 上单调减少；在 $(-1, 0)$ 和 $(1, +\infty)$ 上单调增加.

例 4.1.5 讨论函数 $f(x) = 2x^3 - 9x^2 + 12x - 3$ 的单调性.

解 （1）函数的定义域为 $(-\infty, +\infty)$；

（2）因为 $f'(x) = 6x^2 - 18x + 12 = 6(x-1)(x-2)$，令 $f'(x) = 0$，得 $x_1 = 1$，$x_2 = 2$.

（3）列表 4 – 3 如下.

表 4 – 3

x	$(-\infty, 1)$	$(1, 2)$	$(2, +\infty)$
$f'(x)$	+	–	+
$f(x)$	↗	↘	↗

（4）由表 4 - 3 可知，$f(x)$ 在区间 $(-\infty,1)$ 和 $(2,+\infty)$ 单调增加，在区间 $(1,2)$ 单调减少．

应用函数的单调性，还可证明一些不等式．

例 4.1.6 证明 $x>0$ 时，$x>\ln(1+x)$．

证明 令 $f(x)=x-\ln(1+x)$，因为

$$f'(x)=1-\frac{1}{1+x}=\frac{x}{1+x}$$

当 $x>0$ 时，$f'(x)>0$，所以 $f(x)$ 在 $(0,+\infty)$ 内单调增加．又 $f(0)=0$，所以 $f(x)>f(0)=0$，当 $x>0$ 时，$x-\ln(1+x)>0$，移项即得，当 $x>0$ 时，$x>\ln(1+x)$．

习题 4.1

1. 填空题

（1）函数 $f(x)=x^2+12x$ 的导数为零的点为 _____．

（2）函数 $f(x)=5x-\sqrt[3]{x}$ 的不可导点为 _____．

2. 求下列函数的单调区间

（1）$y=2x^3-6x^2$；　　　　　　（2）$y=2x+\dfrac{8}{x}$．

3. 证明：当 $x>1$ 时，$2\sqrt{x}>3-\dfrac{1}{x}$．

4.2 洛必达法则

在第 2 章的学习中，我们遇到了这类极限 $\lim \dfrac{f(x)}{g(x)}$，当 $x\to x_0$（或 $x\to\infty$）时，两个函数 $f(x)$ 与 $g(x)$ 都趋于零或都趋于无穷大，通常把这类极限叫做未定式，并分别简记为 $\dfrac{0}{0}$ 或 $\dfrac{\infty}{\infty}$，本节将介绍求这类未定式极限的一种简便且重要的方法——洛必达法则．

4.2.1 $\dfrac{0}{0}$ 型未定式极限

定理 4.2.1（洛必达法则 I）　如果函数 $f(x)$ 与 $g(x)$ 满足以下三个条件：

（1）$\lim\limits_{x\to x_0}f(x)=0$，$\lim\limits_{x\to x_0}g(x)=0$；

（2）$f(x)$ 与 $g(x)$ 在点 x_0 的某去心邻域内可导，并且 $g'(x)\neq0$；

（3）$\lim\limits_{x\to x_0}\dfrac{f'(x)}{g'(x)}=A$（$A$ 为有限值或 ∞），

则

$$\lim_{x \to x_0} \frac{f(x)}{g(x)} = \lim_{x \to x_0} \frac{f'(x)}{g'(x)} = A$$

这种在一定条件下通过分子分母分别求导再求极限来确定未定式的值的方法称为洛必达法则.

注：法则对于 $x \to \infty$ 时的 $\dfrac{0}{0}$ 型未定式同样适用.

例 4.2.1 求极限 $\lim\limits_{x \to 0} \dfrac{\tan x}{x}$.

解 因为 $\lim\limits_{x \to 0} \tan x = 0$，$\lim\limits_{x \to 0} x = 0$，上式极限是 $\dfrac{0}{0}$ 型未定式，故用洛必达法则得

$$\lim_{x \to 0} \frac{\tan x}{x} = \lim_{x \to 0} \frac{(\tan x)'}{(x)'} = \lim_{x \to 0} \frac{\sec^2 x}{1} = 1$$

例 4.2.2 求极限 $\lim\limits_{x \to +\infty} \dfrac{\dfrac{\pi}{2} - \arctan x}{\dfrac{1}{x}}$.

解 这是 $\dfrac{0}{0}$ 型未定式，由洛必达法则得

$$\lim_{x \to +\infty} \frac{\dfrac{\pi}{2} - \arctan x}{\dfrac{1}{x}} = \lim_{x \to +\infty} \frac{-\dfrac{1}{1+x^2}}{-\dfrac{1}{x^2}} = \lim_{x \to +\infty} \frac{x^2}{1+x^2} = 1$$

例 4.2.3 求极限 $\lim\limits_{x \to 1} \dfrac{x^3 - 3x + 2}{x^3 - 2x^2 + x}$.

解 因为是 $\dfrac{0}{0}$ 型未定式，故用洛必达法则得

$$\lim_{x \to 1} \frac{x^3 - 3x + 2}{x^3 - 2x^2 + x} = \lim_{x \to 1} \frac{(x^3 - 3x + 2)'}{(x^3 - 2x^2 + x)'} = \lim_{x \to 1} \frac{3x^2 - 3}{3x^2 - 4x + 1}$$

$$= \lim_{x \to 1} \frac{(3x^2 - 3)'}{(3x^2 - 4x + 1)'} = \lim_{x \to 1} \frac{6x}{6x - 4} = 3$$

由以上例题可知如下推论.

推论 4.2.1 如果 $\lim\limits_{x \to x_0} \dfrac{f'(x)}{g'(x)}$ 仍属于 $\dfrac{0}{0}$ 型未定式，且 $f'(x)$ 和 $g'(x)$ 满足洛必达法则的条件，可继续使用洛必达法则，即

$$\lim_{x \to x_0} \frac{f(x)}{g(x)} = \lim_{x \to x_0} \frac{f'(x)}{g'(x)} = \lim_{x \to x_0} \frac{f''(x)}{g''(x)} = \cdots$$

上述推论告诉我们，只要符合定理的条件，可以多次使用洛必达法则.

例 4.2.4 求极限 $\lim\limits_{x\to 0}\dfrac{x-\sin x}{x^3}$.

解 因为是 $\dfrac{0}{0}$ 型未定式，故用洛必达法则得

$$\lim_{x\to 0}\frac{x-\sin x}{x^3}=\lim_{x\to 0}\frac{(x-\sin x)'}{(x^3)'}=\lim_{x\to 0}\frac{1-\cos x}{3x^2}=\lim_{x\to 0}\frac{(1-\cos x)'}{(3x^2)'}$$

$$=\lim_{x\to 0}\frac{\sin x}{6x}=\lim_{x\to 0}\frac{(\sin x)'}{(6x)'}=\lim_{x\to 0}\frac{\cos x}{6}=\frac{1}{6}$$

4.2.2 $\dfrac{\infty}{\infty}$ 型未定式极限

定理 4.2.2（洛必达法则 Ⅱ） 如果函数 $f(x)$ 与 $g(x)$ 满足以下三个条件：

（1） $\lim\limits_{x\to x_0}f(x)=\infty$，$\lim\limits_{x\to x_0}g(x)=\infty$；

（2） $f(x)$ 与 $g(x)$ 在点 x_0 的某去心邻域内可导，并且 $g'(x)\neq 0$；

（3） $\lim\limits_{x\to x_0}\dfrac{f'(x)}{g'(x)}=A$ （A 为有限值或 ∞）；

则

$$\lim_{x\to x_0}\frac{f(x)}{g(x)}=\lim_{x\to x_0}\frac{f'(x)}{g'(x)}=A$$

注：（1） 上述定理对 $x\to\infty$ 时的 $\dfrac{\infty}{\infty}$ 型未定式也同样适用；

（2） 如果 $\lim\limits_{x\to x_0}\dfrac{f'(x)}{g'(x)}$ 仍属于 $\dfrac{\infty}{\infty}$ 型未定式，且 $f'(x)$ 和 $g'(x)$ 满足洛必达法则的条件，可继续使用洛必达法则，即

$$\lim_{x\to x_0}\frac{f(x)}{g(x)}=\lim_{x\to x_0}\frac{f'(x)}{g'(x)}=\lim_{x\to x_0}\frac{f''(x)}{g''(x)}=\cdots$$

例 4.2.5 求极限 $\lim\limits_{x\to +\infty}\dfrac{\ln x}{x^3}$.

解 因为是 $\dfrac{\infty}{\infty}$ 型未定式，故用洛必达法则得

$$\lim_{x\to +\infty}\frac{\ln x}{x^3}=\lim_{x\to +\infty}\frac{\dfrac{1}{x}}{3x^2}=\lim_{x\to +\infty}\frac{1}{3x^3}=0$$

例 4.2.6 求极限 $\lim\limits_{x\to +\infty}\dfrac{x^4}{e^x}$.

解 因为是 $\dfrac{\infty}{\infty}$ 型未定式，故用洛必达法则得

$$\lim_{x\to +\infty}\frac{x^4}{e^x}=\lim_{x\to +\infty}\frac{4x^3}{e^x}=\lim_{x\to +\infty}\frac{12x^2}{e^x}=\lim_{x\to +\infty}\frac{24x}{e^x}=\lim_{x\to +\infty}\frac{24}{e^x}=0$$

例 4.2.7 求极限 $\lim\limits_{x\to 0^+}\dfrac{\ln\sin x}{\ln x}$.

解 因为是 $\dfrac{\infty}{\infty}$ 型未定式，故用洛必达法则得

$$\lim_{x \to 0^+} \frac{\ln \sin x}{\ln x} = \lim_{x \to 0^+} \frac{\dfrac{\cos x}{\sin x}}{\dfrac{1}{x}} = \lim_{x \to 0^+} \frac{x \cos x}{\sin x} = \lim_{x \to 0^+} \frac{\cos x - x \sin x}{\cos x} = 1$$

4.2.3 其他类型未定式

未定式除 $\dfrac{0}{0}$ 型和 $\dfrac{\infty}{\infty}$ 型外，还有 $0 \cdot \infty$，$\infty - \infty$，0^0，1^∞，∞^0 型未定式，对于这几类未定式，都可通过适当的变换将它们转化为洛必达法则可解决的 $\dfrac{0}{0}$ 型或 $\dfrac{\infty}{\infty}$ 型未定式，下面举例加以说明．

例 4.2.8 求极限 $\lim\limits_{x \to 0^+} x \ln x$.

解 这是 $0 \cdot \infty$ 型未定式，可将其化为 $\dfrac{\infty}{\infty}$ 型未定式．

$$\lim_{x \to 0^+} x \ln x = \lim_{x \to 0^+} \frac{\ln x}{\dfrac{1}{x}} = \lim_{x \to 0^+} \frac{\dfrac{1}{x}}{-\dfrac{1}{x^2}} = \lim_{x \to 0^+} (-x) = 0$$

例 4.2.9 求极限 $\lim\limits_{x \to 0} \left(\dfrac{1}{\sin x} - \dfrac{1}{x} \right)$.

解 这是 $\infty - \infty$ 型未定式，通过"通分"将其化为 $\dfrac{0}{0}$ 型未定式．

$$\lim_{x \to 0} \left(\frac{1}{\sin x} - \frac{1}{x} \right) = \lim_{x \to 0} \frac{x - \sin x}{x \sin x} = \lim_{x \to 0} \frac{1 - \cos x}{\sin x + x \cos x}$$

$$= \lim_{x \to 0} \frac{\sin x}{2 \cos x - x \sin x} = 0$$

例 4.2.10 求极限 $\lim\limits_{x \to 0^+} x^x$.

解

$$\lim_{x \to 0^+} x^x = \lim_{x \to 0^+} e^{x \ln x} = e^{\lim\limits_{x \to 0^+} x \ln x}$$

$$= e^{\lim\limits_{x \to 0^+} \frac{\ln x}{\frac{1}{x}}} = e^{\lim\limits_{x \to 0^+} \frac{\frac{1}{x}}{-\frac{1}{x^2}}} = e^0 = 1$$

习题 4.2

1. 用洛必达法则求下列极限

(1) $\lim\limits_{x \to 1} \dfrac{x^4 - 1}{x^3 - 1}$;

(2) $\lim\limits_{x \to 0} \dfrac{\sin 10x}{\sin 11x}$;

(3) $\lim\limits_{x \to 1} \dfrac{x^3 - 3x + 2}{x^3 - x^2 - x + 1}$;

(4) $\lim\limits_{x \to +\infty} \dfrac{e^x - e^{-x}}{x}$;

(5) $\lim\limits_{x \to 0} \dfrac{x - \sin x}{\tan x^3}$;

(6) $\lim\limits_{x \to +\infty} \dfrac{\ln x}{x^n}$ $(n > 0)$;

(7) $\lim\limits_{x\to+\infty}\dfrac{e^x}{x^3}$;

(8) $\lim\limits_{x\to0}\left(\dfrac{1}{x}-\dfrac{1}{e^x-1}\right)$;

(9) $\lim\limits_{x\to0}x\cot2x$;

(10) $\lim\limits_{x\to0^+}(\cos x)^{\frac{1}{x}}$

4.3 函数的极值及判断

在讨论函数的增减性时，曾遇到这样的情形：函数先是递增的，到达某点后它又变为递减的；也有先递减，后变为递增的。它与附近的函数值比较起来，是最大的或是最小的，通常把前者称为函数的极大值，把后者称为函数的极小值。本节我们将学习函数极值的定义以及判定方法。

4.3.1 极值的定义

定义 4.3.1　设函数 $f(x)$ 在 x_0 的某一邻域 $U(x_0)$ 内有定义，如果对于 x_0 去心邻域内的任意点 x，都有 $f(x)<f(x_0)$（或 $f(x)>f(x_0)$），则称 $f(x_0)$ 是函数 $f(x)$ 的一个**极大值**（或**极小值**），称点 $x=x_0$ 为**极大值点**（或**极小值点**）。

函数的极大值与极小值统称为函数的**极值**，使函数取得极值的自变量 x 称为**极值点**。

关于极值的概念，还需注意以下几点：

(1) 函数极值只是一个局部概念。如果 $f(x_0)$ 是函数 $f(x)$ 的一个极大值，那只是就 x_0 附近的一个局部范围来说，$f(x_0)$ 是 $f(x)$ 的一个最大值；如果就 $f(x)$ 的整个定义域来说，$f(x_0)$ 不一定是最大值。对于极小值情况也类似；

(2) 极大值不一定大于极小值，如图 4.4 所示，$f(x_1)$、$f(x_4)$、$f(x_6)$ 是函数 $f(x)$ 的极小值，$f(x_2)$ 和 $f(x_5)$ 是函数 $f(x)$ 的极大值，但是 $f(x)$ 的极小值 $f(x_6)$ 大于极大值 $f(x_2)$。

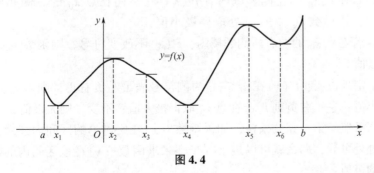

图 4.4

(3) 函数的极值点只能是函数定义区间内部的点，区间的端点不会是函数极值点。

（4）从图 4.4 中还可以看出，在函数取得极值处，若曲线存在切线，则切线是水平的．反之曲线上有水平切线的地方，函数不一定取得极值，如图中 $x = x_3$ 处，因此有下面的定理．

定理 4.3.1（费马定理） 设函数 $f(x)$ 在点 x_0 处可导，且在 x_0 处取得极值，那么函数在 x_0 处的导数为零，即 $f'(x_0) = 0$.

使导数为零的点（即方程 $f'(x_0) = 0$ 的实根）叫做函数 $f(x)$ 的**驻点**.

注意：（1）费马定理表明可导的极值点必是驻点，反之，函数的驻点却不一定是极值点．例如，$x = 0$ 是函数 $f(x) = x^3$ 的驻点，但并不是它的极值点 [图 4.5(a)].

（2）对于一个连续函数，它的极值点还可能是使导数不存在的点．例如，函数 $f(x) = |x|$ 在 $x = 0$ 处的导数不存在，但 $x = 0$ 是它的极小值点 [图 4.5(b)].

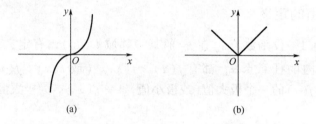

图 4.5

由以上的讨论可知：极值点应该在驻点和不可导点中去寻找，但驻点和不可导点又不一定是极值点，下面给出判断极值的两个充分条件．

4.3.2 极值的判定

定理 4.3.2（极值的第一充分条件） 设函数 $f(x)$ 在点 x_0 的一个去心邻域内可导，那么：

（1）若在点 x_0 的左侧邻域内有 $f'(x) > 0$，而在点 x_0 的右侧邻域内有 $f'(x) < 0$，则函数 $f(x)$ 在 x_0 处取得极大值；

（2）若在点 x_0 的左侧邻域内有 $f'(x) < 0$，而在点 x_0 的右侧邻域内有 $f'(x) > 0$，则函数 $f(x)$ 在 x_0 处取得极小值；

（3）若在点 x_0 的左右两侧邻域内，$f'(x)$ 不改变符号，则函数 $f(x)$ 在 x_0 处没有极值．

这个定理说明：$f'(x)$ 在 x_0 左右两侧符号满足左负右正，则 $f(x)$ 在点 x_0 取得极小值；左正右负则 $f(x)$ 在点 x_0 取得极大值；不变号则无极值．

根据极值的第一充分条件，如果函数 $f(x)$ 在所讨论的区间内连续，除个别点外处处可导，那么就可以按下列步骤来求函数 $f(x)$ 在该区间内的极值点和相应的极值：

（1）确定函数 $f(x)$ 的定义域；

（2）求出 $f'(x) = 0$ 的点和 $f'(x)$ 不存在的点；

高职实用数学

（3）以上述点为分界点将定义域分成若干个部分区间，并列表讨论 $f'(x)$ 在各个区间内的符号；

（4）按极值的第一充分条件确定函数的所有极值点和极值.

例 4.3.1 求出函数 $f(x) = (x^2-1)^3$ 的极值.

解 （1）函数 $f(x)$ 的定义域为 $(-\infty, +\infty)$.

（2）因为 $f'(x) = 6x(x^2-1)^2 = 6x(x-1)^2(x+1)^2$，令 $f'(x) = 0$，得驻点 $x_1 = 0$，$x_2 = -1$，$x_3 = 1$.

（3）列表 4-4 如下.

表 4-4

x	$(-\infty, -1)$	-1	$(-1, 0)$	0	$(0, 1)$	1	$(1, +\infty)$
$f'(x)$	$-$	0	$-$	0	$+$	0	$+$
$f(x)$	↘		↘	极小值 -1	↗		↗

（4）所以，极小值为 $f(0) = -1$.

注：函数的极值在分界点处取得，但分界点不一定是极值点.

例 4.3.2 求函数 $f(x) = \sqrt[3]{x^2} - \dfrac{1}{3}x$ 的极值和极值点.

解 （1）函数 $f(x)$ 的定义区间为 $(-\infty, +\infty)$.

（2）因为 $f'(x) = \dfrac{2}{3}x^{-\frac{1}{3}} - \dfrac{1}{3} = \dfrac{2 - \sqrt[3]{x}}{3\sqrt[3]{x}}$，令 $f'(x) = 0$ 得驻点 $x = 8$；

当 $x = 0$ 时，$f'(x)$ 无意义. 所以，$x = 0$ 为 $f(x)$ 的不可导点.

（3）列表 4-5 如下：

表 4-5

x	$(-\infty, 0)$	0	$(0, 8)$	8	$(8, +\infty)$
$f'(x)$	$-$	不存在	$+$	0	$-$
$f(x)$	↘	极小值 0	↗	极大值 $\dfrac{4}{3}$	↘

（4）所以，极大值为 $f(8) = \dfrac{4}{3}$，极小值为 $f(0) = 0$；极大值点为 $x = 8$，极小值点为 $x = 0$.

若函数的二阶导数易求，则可直接在函数的驻点处求出二阶导数进行判断，一般无需判断函数在驻点左、右两侧一阶导数的符号.

定理 4.3.3（极值的第二充分条件） 设函数 $f(x)$ 在点 x_0 处具有二阶导数，且 $f'(x_0) = 0$，$f''(x_0) \neq 0$，则

（1）当 $f''(x_0) < 0$，则 $f(x)$ 在点 x_0 处取得极大值；

（2）当 $f''(x_0) > 0$，则 $f(x)$ 在点 x_0 处取得极小值.

必须指出：若 $f''(x_0) = 0$，则第二充分条件就失效了，这时需要用第一充分条件来判断.

例 4.3.3 求函数 $f(x) = x^3 - 6x^2 - 7$ 的极值.

解 函数 $f(x)$ 的定义区间为 $(-\infty, +\infty)$

$$f'(x) = 3x^2 - 12x = 3x(x-4), \quad f''(x) = 6(x-2)$$

令 $f'(x) = 0$，解得驻点

$$x_1 = 0, \quad x_2 = 4$$

由极值的第二充分条件有：$f''(0) = -12 < 0$，故 $f(x)$ 有极大值 $f(0) = -7$；

$f''(4) = 12 > 0$，故 $f(x)$ 有极小值 $f(4) = -39$.

比较两个判定方法，显然极值的第一充分条件适用于驻点和不可导点，而极值的第二充分条件只能对驻点判定.

习题 4.3

1. 求下列函数的极值点和极值

（1）$y = x^2 - 2x + 3$；   （2）$y = 2x^3 - 3x^2$；

（3）$y = -x^4 + 2x^2$；   （4）$y = x - \ln(1+x)$.

2. 求函数 $y = x - \dfrac{3}{2}\sqrt[3]{x^2}$ 的单调区间和极值.

4.4 数学建模——最优化问题

在现实生活和科学技术中，我们经常会遇到这样一类问题：在一定条件下，如何解决"用料最省""效率最高""成本最低""路程最短"等优化问题，这类问题可归结为求一个函数的最大值或最小值问题.

4.4.1 闭区间上连续函数的最值

设函数 $f(x)$ 在闭区间 $[a,b]$ 上连续，根据闭区间上连续函数的性质可知，函数 $f(x)$ 在闭区间 $[a,b]$ 存在最大值和最小值. 又由函数极值的讨论可知，$f(x)$ 在闭区间 $[a,b]$ 上的最大值（记作 M）和最小值（记作 m）只能在区间端点 [图 4.6(a)]、区间内的驻点 [图 4.6(b)] 和导数不存在的点 [图 4.6(c)] 处取得. 因此可知求连续函数 $f(x)$ 在闭区间 $[a,b]$ 上的最大值和最小值的步骤为：

（1）求出函数 $f(x)$ 在 (a,b) 内的所有可能极值点——驻点及不可导点；

（2）计算函数 $f(x)$ 在驻点、不可导点及端点 a, b 处的函数值；

（3）比较这些函数值的大小，其中最大者即为函数 $f(x)$ 在闭区间 $[a,b]$ 上的最大值，最小者即为函数 $f(x)$ 在闭区间 $[a,b]$ 上的的最小值.

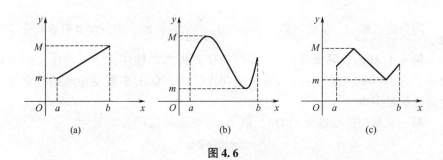

图 4.6

例 4.4.1 求函数 $y = 12 - 12x + 2x^2$ 在 $[0,4]$ 上的最大值和最小值.

解 （1） $f'(x) = 4x - 12$，令 $f'(x) = 0$，得 $x = 3$；

（2） 计算 $f(0) = 12$，$f(3) = -6$，$f(4) = -4$；

（3） 比较可得函数 $y = 12 - 12x + 2x^2$ 在 $[0,4]$ 上的最大值为 $f(0) = 12$，最小值为 $f(3) = -6$.

4.4.2 最优化问题——实际问题的最值

实际问题中，往往根据问题的性质就可以判断可导函数 $f(x)$ 确有最大值或最小值，而且一定在定义区间内部取得.这时，如果 $f(x)$ 在定义区间内部只有一个驻点 x_0，那么不必讨论 $f(x_0)$ 是不是极值，就可以断定 $f(x_0)$ 是最值.

例 4.4.2（窗户的透光性） 窗的形状是矩形加半圆，窗的周长等于 6m，要使窗能透过最多的光线，它的尺寸应当如何设计？

解 如图 4.7 所示，设半圆的半径为 $x(\text{m})$，则半圆的弧长为 $\pi x(\text{m})$，矩形的底边长为 $2x(\text{m})$，矩形的另一边长为 $\dfrac{6 - \pi x - 2x}{2}(\text{m})$.

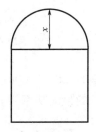

图 4.7

则建立数学模型，即窗户的总面积为

$$y = \frac{6 - \pi x - 2x}{2} \cdot 2x + \frac{1}{2}\pi x^2$$

$$= -\frac{\pi + 4}{2}x^2 + 6x, \quad x \in (0,3)$$

$$y' = -(\pi + 4)x + 6 = 0$$

所以

$$x = \frac{6}{\pi + 4} \in (0,3)$$

因为驻点唯一,所以当半圆的半径为 $\dfrac{6}{\pi+4}$(m) 时,窗户能透最多的光线.

例 4.4.3(易拉罐设计)　如果把易拉罐视为圆柱体,你是否注意到可口可乐、百事可乐、健力宝等大饮料公司出售的 330mL 铝制易拉罐的底面半径与高之比是多少?

解　设易拉罐底面半径为 r,高为 h,则易拉罐的表面积为

$$S = 2\pi rh + 2\pi r^2$$

容积为

$$V = 330 = \pi r^2 h$$

即 $h = \dfrac{330}{\pi r^2}$,代入得数学模型

$$S = \dfrac{660}{r} + 2\pi r^2$$

求得

$$S' = -\dfrac{660}{r^2} + 4\pi r$$

令 $S'=0$,解得唯一驻点 $r=\left(\dfrac{330}{2\pi}\right)^{\frac{1}{3}}$,因为此问题的最小值一定存在,故此驻点即为最小值点. 将 $r=\left(\dfrac{330}{2\pi}\right)^{\frac{1}{3}}$ 代入 $h=\dfrac{330}{\pi r^2}$,得 $h=\left(\dfrac{1320}{\pi}\right)^{\frac{1}{3}}$,即 $\dfrac{r}{h}=\dfrac{1}{2}$. 故底面半径与高之比为 1∶2 时,易拉罐所用铝材最少,成本最低.

所以各大饮料公司出售的 330mL 铝制易拉罐的底面半径与高之比是 1∶2.

例 4.4.4(发动机的效率)　一汽车厂家正在测试新开发的汽车发动机的效率,发动机的效率 p 与汽车的速度 v 之间的关系为 $p=0.768v-0.00004v^3$,问发动机的最大效率是多少?

解　求发动机的最大效率,即求函数 $p=0.768v-0.00004v^3$ 的最大值,先求导数

$$p' = 0.768 - 0.00012v^2$$

令 $p'=0$,得 $v=80$. 所以发动机的最大功率为 $p(80)=41$.

习题 4.4

1. 求下列函数在闭区间上的最大值和最小值

(1) $f(x)=x^4-x^2+1$,$x\in[-2,2]$;

(2) $f(x)=\ln(x^2+1)$,$x\in[-1,2]$.

2. 某房地产公司有 50 套公寓要出租,当租金定为每月 180 元时,公寓可全部租出去,当租金每月增加 10 元时,就有一套公寓租不出去,而租出去的每套房子每月需花费 20 元的整修维护费. 试问房租定为多少时可获得最大收入.

3. 某车间要靠墙盖一间长方形小屋,现有存砖只够盖 20m 长的墙壁,问应围成怎样的长方形才能使这个小屋的面积最大?

4.5 函数图形的描绘

前面我们研究了函数的单调性，从而掌握了函数图像上升和下降的规律，但这不能完全反映函数图形的变化规律．例如图 4.9 的两幅图都是上升趋势，但却有不同的弯曲状况，图 4.9(a)中的曲线为凹，而图 4.9(b)中的曲线为凸．下面我们就来研究曲线的凹凸性及其判别法．

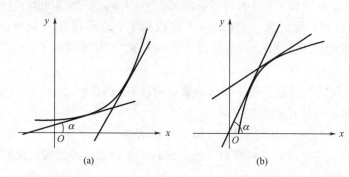

图 4.9

4.5.1 曲线的凹凸性

定义 4.5.1 设 $y=f(x)$ 在 (a,b) 内可导，若曲线 $y=f(x)$ 位于其每点处切线的上方，则称它在 (a,b) 内的图形是**凹的，或称凹弧**；若曲线 $y=f(x)$ 位于其每点处切线的下方，则称它在 (a,b) 内的图形是**凸的，或称凸弧**．相应地，也称函数 $y=f(x)$ 分别为 (a,b) 内的**凹函数**和**凸函数**．

从图 4.9 可明显看出，凹弧曲线的斜率 $\tan\alpha=f'(x)$（其中 α 为切线的倾角）随着 x 的增大而增大，即 $f'(x)$ 为单增函数；凸弧曲线斜率 $f'(x)$ 随着 x 的增大而减小，$f'(x)$ 为单减函数．但 $f'(x)$ 的单调性可由二阶导数 $f''(x)$ 来判定，因此有下述定理．

定理 4.5.1 若 $f(x)$ 在 $[a,b]$ 上连续，在 (a,b) 内具有一阶和二阶导数，则

(1) 若在 (a,b) 内，$f''(x)>0$，则 $f(x)$ 在 (a,b) 上的图形是凹的；

(2) 若在 (a,b) 内，$f''(x)<0$，则 $f(x)$ 在 (a,b) 上的图形是凸的．

例 4.5.1 判断 $y=\ln x$ 的凹凸性．

解 $y=\ln x$ 的定义域为 $(0,+\infty)$，$y'=\dfrac{1}{x}$，$y''=-\dfrac{1}{x^2}$ 在定义域 $(0,+\infty)$ 上没有二阶导数为零的点和使二阶导数不存在的点，$y''<0$，所以曲线 $y=\ln x$ 在整个定义域上是凸的．

例 4.5.2 判断 $y=\sin x$ 在区间 $(0,2\pi)$ 的凹凸性．

解 因为 $y' = \cos x$，$y'' = -\sin x$，令 $y'' = 0$ 得 $x = \pi \in (0, 2\pi)$，没有二阶导数不存在的点.

当 $x \in (0, \pi)$ 时，$y' = -\sin x < 0$，所以 $y = \sin x$ 在 $(0, \pi)$ 上是凸的；

当 $x \in (\pi, 2\pi)$ 时，$y' = -\sin x > 0$，所以 $y = \sin x$ 在 $(\pi, 2\pi)$ 上是凹的.

4.5.2 拐点

定义 4.5.2 连续曲线 $y = f(x)$ 上的凹弧与凸弧的分界点称为该曲线的拐点.

在拐点左右两侧 $f''(x)$ 的符号必然异号，因而，在拐点处有 $f''(x) = 0$ 或者 $f''(x)$ 不存在；反过来，$f''(x) = 0$ 的点和 $f''(x)$ 不存在的点可能是曲线的拐点，究竟是否是拐点，还要看该点左右两个小邻域内 $f''(x)$ 的符号是否异号.

因此，我们可以按下列步骤求函数 $y = f(x)$ 的拐点：

（1）确定函数 $f(x)$ 的定义域；

（2）求出 $f''(x) = 0$ 的点和 $f''(x)$ 不存在的点；

（3）以上述点为分界点将定义域分成若干个区间，并列表讨论 $f''(x)$ 在各个区间内的符号；

（4）确定函数的凹凸区间和拐点.

例 4.5.3 求曲线 $y = x^4 - 2x^3 + 1$ 的凹凸区间和拐点.

解 （1）$y = x^4 - 2x^3 + 1$ 的定义域为 $(-\infty, +\infty)$；

（2）$y' = 4x^3 - 6x^2$，$y'' = 12x^2 - 12x = 12x(x-1) = 0$，得 $x_1 = 0$，$x_2 = 1$，没有二阶不可导点；

（3）列表 4-6 如下.

表 4-6

x	$(-\infty, 0)$	0	$(0, 1)$	1	$(1, +\infty)$
$f''(x)$	+	0	−	0	+
$f(x)$	凹	拐点 $(0, 1)$	凸	拐点 $(1, 0)$	凹

（4）所以，区间 $(-\infty, 0)$ 和 $(1, +\infty)$ 是函数的凹区间，区间 $(0, 1)$ 为曲线的凸区间；拐点为点 $(0, 1)$ 和点 $(1, 0)$.

4.5.3 曲线的水平渐近线和垂直渐近线

定义 4.5.3 如果曲线上的一点沿着曲线趋于无穷远时，该点与某直线的距离趋近于零，则称此直线为曲线的渐近线.

渐近线分为水平渐近线、垂直渐近线和斜渐近线三种，本书只介绍前两种渐近线的求法.

1. 水平渐近线

如果 $\lim\limits_{x\to\infty}f(x)=b$ 或 $\lim\limits_{x\to+\infty}f(x)=b$ 或 $\lim\limits_{x\to-\infty}f(x)=b$，则称直线 $y=b$ 为曲线 $y=f(x)$ 的水平渐近线.

2. 垂直渐近线

如果点 x_0 是曲线 $y=f(x)$ 的间断点，且

$$\lim\limits_{x\to x_0}f(x)=\infty \quad \left(\lim\limits_{x\to x_0^-}f(x)=\infty \text{ 或 } \lim\limits_{x\to x_0^+}f(x)=\infty\right)$$

则称直线 $x=x_0$ 为曲线 $y=f(x)$ 的垂直渐近线（或铅直渐近线）.

例如，对于 $y=\dfrac{\ln(1+x)}{x}$，定义域是 $(-1,0)\cup(0,+\infty)$，由于

$$\lim\limits_{x\to+\infty}\frac{\ln(1+x)}{x}=0, \quad \lim\limits_{x\to-1^+}\frac{\ln(1+x)}{x}=+\infty$$

所以，直线 $y=0$ 是曲线 $y=\dfrac{\ln(1+x)}{x}$ 的一条水平渐近线，直线 $x=-1$ 是该曲线的一条垂直渐近线.

4.5.4 函数图形的描绘

由前面的讲解，我们知道了函数图形的升降、凹凸，以及极值点和拐点，也就掌握了函数的性态，并能把函数的图形画得比较准确.

函数作图的一般步骤如下.

第一步　确定函数 $y=f(x)$ 的定义域，考察函数的奇偶性与周期性，求出 $f'(x)$ 和 $f''(x)$；

第二步　求出 $f'(x)=0$ 的点及 $f'(x)$ 不可导点，再求出 $f''(x)=0$ 的点及 $f''(x)$ 不可导点，以及函数间断点，把这些点作为分点，将函数的定义域分为若干子区间；

第三步　确定在这些子区间内 $f'(x)$ 和 $f''(x)$ 的符号，并由此确定函数的升降和凹凸、极值点和拐点（列表讨论）；

第四步　考察渐近线；

第五步　为了把图形描述得更准确些，有时还需补充一些点，以及函数的某些特殊点，如与两坐标轴的交点等；结合上述讨论画出函数的图形.

例 4.5.4　作出函数 $y=\dfrac{x^2}{(x+1)^2}$ 的图形.

解　（1）函数的定义域 $(-\infty,-1)\cup(-1,+\infty)$

（2）$y'=\dfrac{2x(x+1)^2-x^2\cdot 2(x+1)}{(x+1)^4}=\dfrac{2x}{(x+1)^3}$

$$y''=\dfrac{2(x+1)^3-2x\cdot 3(x+1)^2}{(x+1)^6}=\dfrac{2-4x}{(x+1)^4}$$

令 $y'=0$，$y''=0$，解得 $x_1=0$，$x_2=\dfrac{1}{2}$.

高职实用数学

（3）列表 4-7 如下：

表 4-7

x	$(-\infty,-1)$	-1	$(-1,0)$	0	$\left(0,\dfrac{1}{2}\right)$	$\dfrac{1}{2}$	$\left(\dfrac{1}{2},+\infty\right)$
y'	$+$		$-$	0	$+$	$+$	$+$
y''	$+$		$+$	$+$	$+$	0	$-$
y	↗		↘	极小值点	↗	拐点	↗

注：表中"↗"表示曲线是上升而且是凹的，"↗"表示曲线是上升而且是凸的，"↘"表示曲线是下降而且是凹的.

由表 4-7 可知：极小值 $f(0)=1$，拐点为 $\left(\dfrac{1}{2},\dfrac{1}{9}\right)$.

（4）渐近线.

因为 $\lim\limits_{x\to\infty}y=\lim\limits_{x\to\infty}\dfrac{x^2}{(x+1)^2}=1$，所以 $y=1$ 是水平渐近线；

因为 $\lim\limits_{x\to-1}y=\lim\limits_{x\to-1}\dfrac{x^2}{(1+x)^2}=+\infty$，所以 $x=-1$ 是垂直渐近线.

（5）作图，如图 4.10 所示.

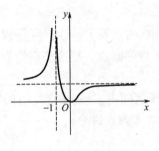

图 4.10

习题 4.5

1. 讨论下列函数的凹凸性

（1）$f(x)=5x-2x^2$；　　　　（2）$f(x)=2+\dfrac{1}{x}(x>0)$.

2. 确定函数的凸凹区间及拐点

（1）$y=\ln(x^2+1)$；　　　　（2）$y=x^3-5x^2$.

3. 描绘函数 $f(x)=x^3-x^2-x+1$ 的图形.

复习题四

1. 选择题

(1) 若函数 $y = f(x)$ 满足条件( )，则在区间 (a, b) 内至少存在一点 $\xi(a < \xi < b)$，使得等式 $f'(\xi) = \dfrac{f(b) - f(a)}{b - a}$ 成立．

A. 在区间 (a, b) 内连续

B. 在区间 (a, b) 内连续，在区间 (a, b) 内可导

C. 在区间 (a, b) 内可导

D. 在区间 $[a, b]$ 内连续，在区间 (a, b) 内可导

(2) 函数 $f(x) = x^2 + 4x - 1$ 的单调增加区间是 ( )．

A. $(-\infty, 2)$　　　　　　　B. $(-1, 1)$

C. $(2, +\infty)$　　　　　　　D. $(-2, +\infty)$

(3) $\lim\limits_{x \to 0} \dfrac{1 - \cos x}{x^2}$ 的值为( )．

A. 1　　　　　B. $\dfrac{1}{2}$　　　　C. $\dfrac{1}{4}$　　　　D. $-\dfrac{1}{2}$

(4) 下列函数中不具有极值点的是( )．

A. $y = |x|$　　　B. $y = x^2$　　　C. $y = x^3$　　　D. $y = x^{\frac{2}{3}}$

(5) 以下结论正确的是 ( )．

A. 函数 $f(x)$ 的导数不存在的点，一定不是 $f(x)$ 的极值点

B. 若 x_0 为函数的驻点，则 x_0 必为 $f(x)$ 的极值点

C. 若函数 $f(x)$ 在点 x_0 处有极值，且 $f'(x_0)$ 存在，则必有 $f'(x_0) = 0$

D. 若函数 $f(x)$ 在点 x_0 处连续，则 $f'(x)$ 一定存在

(6) 点 $x = 0$ 是函数 $y = x^4$ 的 ( )．

A. 驻点但非极值点　　　　　　B. 拐点

C. 驻点且是拐点　　　　　　　D. 驻点且是极值点

(7) 函数 $y = x - \sin x$ 在区间 $(-2\pi, 2\pi)$ 内的拐点个数是 ( )．

A. 1　　　　B. 2　　　　C. 3　　　　D. 4

(8) 设函数 $f(x)$ 在区间 (a, b) 内有连续的二阶导数，且 $f'(x) < 0$，$f''(x) < 0$，则 $f(x)$ 在区间 (a, b) 内是 ( )．

A. 单调减少且是凸的　　　　　B. 单调减少且是凹的

C. 单调增加且是凸的　　　　　D. 单调增加且是凹的

2. 填空题

(1) 函数 $f(x) = \ln x$ 在区间 $[1, e]$ 上满足拉格朗日中值定理的条件，则 $\xi = $ _____．

(2) 函数 $f(x) = 2x - \cos x$ 在区间_____内单调增加.

(3) 函数 $y = x - \sin x$ 在其定义域内单调_____.

(4) 如果函数 $f(x)$ 在点 x_0 处可导,且在点 x_0 处取得极值,则_____.

(5) 函数 $y = x^3 - 3x^2 + 7$ 的极大值为_____,极小值为_____.

(6) 函数 $y = \ln(1 + x^2)$ 在区间 $[-1, 2]$ 上的最大值_____,最小值_____.

(7) 函数 $y = xe^x$ 在区间_____内是凸的,在区间_____内是凹的.

(8) 曲线 $y = x^3 - 3x + 1$ 的拐点是_____.

3. 判断题

(1) 若 $f'(x_0) = 0$,则 $x = x_0$ 为函数 $y = f(x)$ 的极值点. （　　）

(2) 若函数 $f(x)$ 在点 x_0 有极值,则 $f(x)$ 在点 x_0 必可导. （　　）

(3) $y = x + \sqrt{1 - x}$ 在闭区间 $[-5, 1]$ 上的最大值是 $\dfrac{5}{4}$. （　　）

(4) $x = 0$ 是函数 $y = x^3$ 的极值点. （　　）

(5) $x = 1$ 是函数 $y = \dfrac{1}{x - 1}$ 的垂直渐近线. （　　）

(6) $y = x^3$ 是凹的. （　　）

(7) 函数 $f(x)$ 在区间 $[a, b]$ 上的极大值一定大于极小值. （　　）

(8) 如果 $f'(x_0) = 0$ 且 $f''(x_0) < 0$,则函数 $f(x)$ 在 x_0 处取得极大值.

（　　）

4. 求下列极限

(1) $\lim\limits_{x \to 1} \dfrac{\ln x}{x - 1}$;

(2) $\lim\limits_{x \to 0} \dfrac{e^x - \cos x}{\sin x}$;

(3) $\lim\limits_{x \to 0} \dfrac{x - \tan x}{x^3}$;

(4) $\lim\limits_{x \to 0} \dfrac{e^x + e^{-x} + 2\cos x - 4}{x^4}$.

5. 确定下列函数的单调区间,并求出它们的极值

(1) $f(x) = 2x^3 - 6x^2 - 18x - 7$;

(2) $f(x) = x - e^x$.

6. 求下列函数的最大值与最小值

(1) $y = x^3 - \dfrac{3x^2}{2} + 1$, $x \in [-1, 2]$;

(2) $y = x - x^3$, $x \in [0, 1]$.

7. 确定下列函数的凹凸区间与拐点

(1) $y = x^2(1 - x)$;

(2) $y = e^x - e^{-x}$.

8. 作下列函数的图形

(1) $y = x + e^{-x}$;

(2) $y = x - \ln x$.

9. 欲用围墙围成面积为 216m^2 的一块矩形场地,并在正中用一堵墙将其隔成两块,问此场地的长和宽各为多少时,才能使所用建筑材料最少?

阅读与欣赏（四）

洛　必　达

洛必达（1661—1704），法国的数学家.

洛必达是个天生的高富帅，1661 年出生于法国的贵族家庭，1704 年 2 月 2 日卒于巴黎. 他曾受袭侯爵衔，并在军队中担任骑兵军官，后来因为视力不佳而退出军队，转向学术方面加以研究. 他早年就显露出数学才能，在他 15 岁时就解出帕斯卡的摆线难题，以后又解出约翰·伯努利向欧洲挑战"最速降曲线"问题. 稍后他放弃了炮兵的职务，投入更多的时间在数学上，在瑞士数学家伯努利的门下学习微积分，并成为法国新解析的主要成员.

洛必达的《无限小分析》（1696 年）一书是微积分学方面最早的教科书，在 18 世纪时为一模范著作，书中创造了一种算法（洛必达法则），用以寻找满足一定条件的两函数之商的极限，洛必达于前言中向莱布尼兹和伯努利致谢，特别是约翰·伯努利. 洛必达逝世之后，伯努利发表声明该法则及许多的其他发现该归功于伯努利.

洛必达的著作尚有盛行于 18 世纪的圆锥曲线的研究. 他最重要的著作是《阐明曲线的无穷小于分析》（1696 年），这本书是世界上第一本系统的微积分学教科书，他由一组定义和公理出发，全面地阐述了变量、无穷小量、切线、微分等概念，这对传播新创建的微积分理论起了很大的作用. 在书中第九章记载着约翰·伯努利在 1694 年 7 月 22 日告诉他的一个著名定理"洛必达法则"，即求一个分式当分子和分母都趋于零时的极限的法则. 后人误以为是他的发明，故"洛必达法则"之名沿用至今. 洛必达还写作过几何、代数及力学方面的文章. 他也计划写作一本关于积分学的教科书，但由于他过早去世，因此这本积分学教科书未能完成. 而遗留的手稿于 1720 年在巴黎出版，名为《圆锥曲线分析论》.

第 5 章

不 定 积 分

本章主要介绍不定积分的相关知识. 通过本章的学习, 要求学生掌握不定积分的概念, 理解不定积分与导数（微分）之间的关系；熟练掌握不定积分的基本公式；并能熟练使用换元积分法和分部积分法.

☆ ★ ☆

正如加法有其逆运算减法一样, 微分法也有它的逆运算——积分法. 微分学讨论的是已知一个函数, 求这个函数的导数或微分的问题, 与其相反的一个问题是：如果已知一个函数的导数或微分, 如何求这个函数, 这就是积分学的问题. 在第 3 章我们学习了如何求一个函数的导数或微分, 本章和第 6 章我们将讨论它的逆运算：一元函数积分学. 一元函数积分学包括两个重要的基本概念——不定积分与定积分. 本章主要介绍不定积分的概念、性质、基本公式和基本积分方法.

5.1 不定积分的概念与性质

5.1.1 原函数的概念

在实际问题中, 经常要研究由已知某函数的导数求这个函数的问题.

引例 5.1.1 设物体做变速直线运动, 其瞬时速度 v 与时间 t 的关系为 $v = v(t)$, 求位移随时间的变化规律 $S(t)$. 可以根据位移与速度的关系 $S'(t) = v(t)$, 求出 $S(t)$.

引例 5.1.2 已知平面曲线的切线斜率为 $f'(x)$, 求曲线方程 $y = f(x)$ 的表达式.

这两个引例尽管实际背景不一样, 但从数学的角度讲, 都可以归结为：已知函数的导数 $f'(x)$, 求函数 $f(x)$ 的表达式. 为此, 我们首先引入原函数的概念.

定义 5.1.1 设函数 $f(x)$ 在某区间 I 上有定义，如果存在函数 $F(x)$，使得在 I 上有

$$F'(x) = f(x) \tag{5.1.1}$$

则称 $F(x)$ 为 $f(x)$ 在 I 上的一个**原函数**.

例如，引例 5.1.1 中，因为 $S'(t) = v(t)$，所以位移函数 $S(t)$ 是瞬时速度 $v(t)$ 的一个原函数.

由此我们想到三个问题：函数 $f(x)$ 的原函数是否存在？如果存在，函数 $f(x)$ 应满足什么条件？如果函数 $f(x)$ 的原函数存在，那么它有多少个原函数？关于这些问题，有以下结论：

(1) **原函数存在定理**：如果函数 $f(x)$ 在区间 I 上连续，则在该区间上它的原函数一定存在.

(2) 如果函数 $f(x)$ 有一个原函数，则 $f(x)$ 必有无穷多个原函数，且任意两个原函数之间只相差一个常数.

设 $F(x)$ 和 $G(x)$ 都是函数 $f(x)$ 的原函数，即有 $F'(x) = f(x)$，$G'(x) = f(x)$，再设 $H(x) = F(x) - G(x)$，则 $H'(x) = F'(x) - G'(x) = 0$，由常数函数的导数为 0 可知

$$H(x) = F(x) - G(x) = C(C \text{ 为任意常数})$$

从而有

$$F(x) = G(x) + C$$

例如，因为 $(x^2)' = 2x$，所以 x^2 是 $2x$ 在 $(-\infty, +\infty)$ 上的一个原函数；但除了 x^2 外，$(x^2 - 1)' = 2x$，$(x^2 + 3)' = 2x$，$(x^2 + C)' = 2x$，故它们也都是 $2x$ 在 $(-\infty, +\infty)$ 上的原函数，可见 $x^2 + C$ 都是 $2x$ 的原函数，所以 $2x$ 有无穷多个原函数.

(3) 如果 $F(x)$ 是 $f(x)$ 的一个原函数，那么 $F(x) + C$ 就是 $f(x)$ 的任意一个原函数. 从而有以下定义.

5.1.2 不定积分的概念

1. 不定积分的定义

定义 5.1.2 设 $F(x)$ 是函数 $f(x)$ 的一个原函数，则称 $f(x)$ 的全部原函数 $F(x) + C$（C 为任意常数）为 $f(x)$ 的**不定积分**，记作 $\int f(x) dx$，即

$$\int f(x) dx = F(x) + C \tag{5.1.2}$$

式中，"$\int$" 称为**积分号**，"$f(x)$" 称为**被积函数**，"$f(x) dx$" 称为**被积表达式**，"x" 称为**积分变量**，"C" 是任意常数，称为**积分常数**.

求函数 $f(x)$ 的不定积分就是求 $f(x)$ 的全体原函数，因此只需求得 $f(x)$ 的一个原函数，然后再加上任意常数 C 即可.

例 5.1.1 求下列不定积分．

(1) $\int \cos x \, dx$ ；　　　　　　(2) $\int x^2 \, dx$.

解 （1）因为 $(\sin x)' = \cos x$，故 $\sin x$ 是 $\cos x$ 的一个原函数，所以

$$\int \cos x \, dx = \sin x + C$$

（2）因为 $\left(\dfrac{1}{3}x^3\right)' = x^2$，故 $\dfrac{1}{3}x^3$ 是 x^2 的一个原函数，所以

$$\int x^2 \, dx = \frac{x^3}{3} + C$$

例 5.1.2 求 $\int \dfrac{1}{x} dx$.

解 当 $x > 0$ 时，$(\ln x)' = \dfrac{1}{x}$，则有

$$\int \frac{1}{x} dx = \ln x + C \qquad (x > 0)$$

当 $x < 0$ 时，$[\ln(-x)]' = \dfrac{1}{-x}(-x)' = \dfrac{1}{x}$，则有

$$\int \frac{1}{x} dx = \ln(-x) + C \qquad (x < 0)$$

所以

$$\int \frac{1}{x} dx = \ln|x| + C \qquad (x \neq 0)$$

2. 不定积分的几何意义

设 $F(x)$ 是 $f(x)$ 的一个原函数，则 $y = F(x)$ 在平面上表示一条曲线，称为 $f(x)$ 的一条积分曲线．由于 $f(x)$ 的不定积分表示 $f(x)$ 的全体原函数 $F(x) + C$，因而对每一个 C 值都有一条确定的积分曲线，所有的积分曲线组成了积分曲线族，它们的方程是 $y = F(x) + C$. 这些曲线可由 $f(x)$ 的某一条积分曲线 $y = F(x)$ 沿着 y 轴方向作上下平移 $|C|$ 个单位得到．显然，族中的每一条积分曲线在具有同一横坐标 x 的点处有互相平行的切线，其斜率都等于 $f(x)$，如图 5.1 所示．

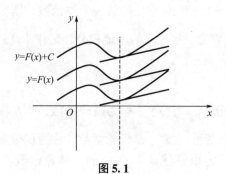

图 5.1

例 5.1.3 设曲线通过点 $(1,2)$，且其上任一点处的切线斜率等于该点横坐标的两倍，求此曲线的方程.

解 设所求的曲线方程为 $y = f(x)$. 由题意知曲线上任一点 (x,y) 处的切线斜率为 $2x$，由导数的几何意义有

$$y' = f'(x) = 2x$$

所以，$y = \int 2x \, dx = x^2 + C$ 是一簇抛物线，由于所求的曲线经过点 $(1,2)$，故 $C = 1$，于是所求曲线的方程为

$$y = x^2 + 1$$

3. 不定积分的性质

由不定积分的定义，得如下性质.

性质 5.1.1 不定积分与微分的关系：

(1) $\left[\int f(x) \, dx\right]' = f(x)$ 或 $d\left[\int f(x) \, dx\right] = f(x) \, dx$；

(2) $\int f'(x) \, dx = f(x) + C$ 或 $\int df(x) = f(x) + C$.

由此可见，微分运算与积分运算是互逆的，两者运算相互抵消. 需注意的是，先求导(或先微分)，后积分运算，最后要加上一个积分常数 C.

性质 5.1.2 积分对于函数的可加性，即

$$\int [u(x) \pm v(x)] \, dx = \int u(x) \, dx \pm \int v(x) \, dx$$

这个性质可以推广到有限多个函数的情形.

性质 5.1.3 积分对于函数的数乘，即

$$\int ku(x) \, dx = k \int u(x) \, dx, \ k \text{ 为非零常数}$$

4. 不定积分的基本公式

由于不定积分是微分的逆运算，所以可从微分的基本公式得到不定积分的基本公式.

(1) $(kx)' = k$　　　　　　　　$\int k \, dx = kx + C \ (k \text{ 为常数})$；

(2) $(x^\alpha)' = \alpha x^{\alpha-1}$　　　　　　$\int x^\alpha \, dx = \dfrac{1}{\alpha+1} x^{\alpha+1} + C \ (\alpha \neq -1)$；

(3) $(\ln|x|)' = \dfrac{1}{x}$　　　　　　$\int \dfrac{1}{x} \, dx = \ln|x| + C \ (x \neq 0)$；

(4) $(e^x)' = e^x$　　　　　　　$\int e^x \, dx = e^x + C$；

(5) $(a^x)' = a^x \ln a$　　　　　$\int a^x \, dx = \dfrac{a^x}{\ln a} + C$；

(6) $(\sin x)' = \cos x$　　　　　$\int \cos x \, dx = \sin x + C$；

(7) $(\cos x)' = -\sin x$ $\qquad\qquad \int \sin x \mathrm{d}x = -\cos x + C;$

(8) $(\tan x)' = \sec^2 x$ $\qquad\qquad \int \sec^2 x \mathrm{d}x = \tan x + C;$

(9) $(\cot x)' = -\csc^2 x$ $\qquad\qquad \int \csc^2 x \mathrm{d}x = -\cot x + C;$

(10) $(\sec x)' = \sec x \cdot \tan x$ $\qquad \int \sec x \cdot \tan x \mathrm{d}x = \sec x + C;$

(11) $(\csc x)' = -\csc x \cdot \cot x$ $\qquad \int \csc x \cdot \cot x = -\csc x + C;$

(12) $(\arcsin x)' = \dfrac{1}{\sqrt{1-x^2}}$ $\qquad \int \dfrac{1}{\sqrt{1-x^2}} \mathrm{d}x = \arcsin x + C;$

(13) $(\arctan x)' = \dfrac{1}{1+x^2}$ $\qquad \int \dfrac{1}{1+x^2} \mathrm{d}x = \arctan x + C.$

以上这些公式是积分学的基础,在不定积分与定积分的计算过程中起着十分重要的作用,务必要熟记. 其中 C 是任意常数,若无特殊情况,下文不再赘述. 表达式中的 x,表示积分变量的一个符号,可以是 x,也可以统一换成 u,或者 t.

5. 直接积分法

利用不定积分的性质和基本积分公式,以及对被积函数做简单的恒等变形后就能直接计算出不定积分的方法称为**直接积分法**.

例 5.1.4 求 $\int (\mathrm{e}^x - 2\cos x) \mathrm{d}x$.

解 $\int (\mathrm{e}^x - 2\cos x) \mathrm{d}x = \int \mathrm{e}^x \mathrm{d}x - 2 \int \cos x \mathrm{d}x = \mathrm{e}^x + C_1 - 2(\sin x + C_2)$
$$= \mathrm{e}^x - 2\sin x + C \ (C = C_1 - 2C_2)$$

例 5.1.5 求 $\int \dfrac{(x-1)^2}{x} \mathrm{d}x$.

解 $\int \dfrac{(x-1)^2}{x} \mathrm{d}x = \int \dfrac{x^2 - 2x + 1}{x} \mathrm{d}x = \int \left(x - 2 + \dfrac{1}{x} \right) \mathrm{d}x$
$$= \int x \mathrm{d}x - \int 2 \mathrm{d}x + \int \dfrac{1}{x} \mathrm{d}x = \dfrac{1}{2}x^2 - 2x + \ln|x| + C$$

例 5.1.6 求 $\int \mathrm{e}^x (1 + \mathrm{e}^{-x}) \mathrm{d}x$.

解 $\int \mathrm{e}^x (1 + \mathrm{e}^{-x}) \mathrm{d}x = \int (\mathrm{e}^x + 1) \mathrm{d}x = \int \mathrm{e}^x \mathrm{d}x + \int 1 \mathrm{d}x = \mathrm{e}^x + x + C$

例 5.1.7 求 $\int \dfrac{x^2}{1+x^2} \mathrm{d}x$.

解 $\int \dfrac{x^2}{1+x^2} \mathrm{d}x = \int \dfrac{(x^2+1)-1}{1+x^2} \mathrm{d}x = \int \left(1 - \dfrac{1}{1+x^2} \right) \mathrm{d}x$
$$= \int 1 \mathrm{d}x - \int \dfrac{1}{1+x^2} \mathrm{d}x = x - \arctan x + C$$

例 5.1.8 求 $\int \tan^2 x \mathrm{d}x$.

解 $\int \tan^2 x \mathrm{d}x = \int (\sec^2 x - 1)\mathrm{d}x = \int \sec^2 x \mathrm{d}x - \int 1 \mathrm{d}x = \tan x - x + C$

例 5.1.9 求 $\int \dfrac{1}{\sin^2 x \cos^2 x} \mathrm{d}x$.

解 $\int \dfrac{1}{\sin^2 x \cos^2 x} \mathrm{d}x = \int \dfrac{\sin^2 x + \cos^2 x}{\sin^2 x \cos^2 x} \mathrm{d}x = \int \left(\dfrac{1}{\cos^2 x} + \dfrac{1}{\sin^2 x} \right) \mathrm{d}x$

$$= \int \sec^2 x \mathrm{d}x + \int \csc^2 x \mathrm{d}x$$

$$= \tan x - \cot x + C$$

例 5.1.10 求 $\int \sin^2 \dfrac{x}{2} \mathrm{d}x$.

解 $\int \sin^2 \dfrac{x}{2} \mathrm{d}x = \int \dfrac{1 - \cos x}{2} \mathrm{d}x = \dfrac{1}{2} \int (1 - \cos x)\mathrm{d}x = \dfrac{1}{2} \left(\int 1 \mathrm{d}x - \int \cos x \mathrm{d}x \right)$

$$= \dfrac{1}{2}(x - \sin x) + C$$

习题 5.1

1. 填空题

（1）函数 x^2 是_____的一个原函数；

（2）函数 x^2 的全体原函数是_____；

（3）函数 $\sin x$ 是_____的一个原函数；

（4）函数 $\sin x$ 的全体原函数是_____；

（5）函数 3^x 是_____的一个原函数；

（6）函数 3^x 的全体原函数是_____.

2. 写出下列各式结果

（1）$\int \mathrm{d}\left(\dfrac{1}{2}\sin 2x \right) = $ _____；

（2）$\mathrm{d}\left[\int \dfrac{1}{\sin x} \mathrm{d}x \right] = $ _____；

（3）$\int (\sqrt{a^2 + x^2})' \mathrm{d}x = $ _____；

（4）$\left[\int e^x (\sin x + \cos x) \mathrm{d}x \right]' = $ _____.

3. 选择题

（1）下列各等式中不正确的是（   ）.

A. $\left(\int f(x)\mathrm{d}x \right)' = f(x)$ B. $\mathrm{d}\left(\int f(x)\mathrm{d}x \right) = f(x)\mathrm{d}x$

C. $\int f'(x)\mathrm{d}x = f(x) + C$ D. $\int \mathrm{d}f(x) = f(x)$

（2）设 $f(x)$ 的一个原函数是 $\dfrac{1}{x}$，则 $f'(x) = ($ $)$.

A. $\ln |x|$ B. $\dfrac{1}{x}$

C. $-\dfrac{1}{x^2}$ D. $\dfrac{2}{x^3}$

(3) $\left(\displaystyle\int f'(x)\,\mathrm{d}x\right)' = ($ $)$.

A. $f'(x)$ B. $f'(x) + C$

C. $f''(x)$ D. $f''(x) + C$

4. 求下列不定积分

(1) $\displaystyle\int e^x\left(1 - \dfrac{e^{-x}}{\sqrt{1-x^2}}\right)\mathrm{d}x$;   (2) $\displaystyle\int(\sqrt{x}+1)(x-\sqrt{x}+1)\,\mathrm{d}x$;

(3) $\displaystyle\int\left(\dfrac{1}{x} - 2\cos x\right)\mathrm{d}x$;   (4) $\displaystyle\int\left(2e^x + \dfrac{3}{x}\right)\mathrm{d}x$;

(5) $\displaystyle\int 3^x\left(2^x + \dfrac{\sqrt[3]{x}}{3^x}\right)\mathrm{d}x$;   (6) $\displaystyle\int\sec x(\sec x - \tan x)\,\mathrm{d}x$;

(7) $\displaystyle\int\cos^2\dfrac{x}{2}\,\mathrm{d}x$;   (8) $\displaystyle\int(3^x - 5^x)\,\mathrm{d}x$;

(9) $\displaystyle\int\dfrac{\cos 2x}{\cos x - \sin x}\mathrm{d}x$;   (10) $\displaystyle\int\dfrac{x-9}{\sqrt{x}+3}\mathrm{d}x$.

5. 一曲线通过点 $(e^2, 3)$, 且在任一点处的切线的斜率等于该点横坐标的倒数, 求该曲线的方程.

6. 已知物体在时刻 t 的瞬时速度为 $v = 3t - 2$, 且当 $t = 0$ 时, 位移 $S = 5$, 试求此物体的位移函数.

5.2 换元积分法

利用基本积分公式及性质, 只能求出一些简单的积分, 例如 $\displaystyle\int\cos 2x\,\mathrm{d}x$ 就不能计算了, 因此必须研究更一般的计算方法. 本节把复合函数的求导法则反过来求不定积分, 利用中间变量代换, 使得被积表达式变形为基本积分公式表中的形式, 进而得到不定积分, 称为换元积分法.

换元积分法分为第一类换元积分法和第二类换元积分法.

5.2.1 第一类换元积分法 (凑微分法)

例 5.2.1 求 $\displaystyle\int\cos 2x\,\mathrm{d}x$

分析 在积分基本公式中有 $\displaystyle\int\cos x\,\mathrm{d}x = \sin x + C$, 但计算 $\displaystyle\int\cos 2x\,\mathrm{d}x$ 不能直接套用这个公式, 因为被积函数 $\cos 2x$ 与公式 $\displaystyle\int\cos x\,\mathrm{d}x = \sin x + C$ 中的被积函数不一样.

如果令 $u = 2x$, 被积函数 $\cos u$ 就与公式 $\displaystyle\int\cos x\,\mathrm{d}x = \sin x + C$ 中的被积函数

相同了，而且 $du = u'dx = (2x)'dx = 2dx$，从而 $dx = \frac{1}{2}du$，所以有

$$\int \cos 2x dx = \int \cos u \cdot \frac{1}{2}du = \frac{1}{2}\int \cos u du = \frac{1}{2}\sin u + C$$

把 $u = 2x$ 代回，就得到不定积分

$$\int \cos 2x dx = \frac{1}{2}\sin 2x + C$$

因为 $\left(\frac{1}{2}\sin 2x + C\right)' = \cos 2x$，所以 $\int \cos 2x dx = \frac{1}{2}\sin 2x + C$ 是正确的.

这种解法对复合函数的积分具有普遍意义，对于一般情况，可由复合函数的求导法则，推导出一个求不定积分的重要方法——第一类换元积分法.

定理 5.2.1 设 $u = \varphi(x)$ 在区间 I 上可导，且 $\int f(u)du = F(u) + C$，则 $\int f[\varphi(x)]\varphi'(x)dx$ 在 I 上存在，并有

$$\int f[\varphi(x)]\varphi'(x)dx = F[\varphi(x)] + C \qquad (5.2.1)$$

证明 因为
$$\{F[\varphi(x)] + C\}' = F'_u \cdot u'_x = f(u) \cdot \varphi'(x) = f[\varphi(x)] \cdot \varphi'(x)$$
所以
$$\int f[\varphi(x)] \cdot \varphi'(x)dx = F[\varphi(x)] + C$$

应用上式求不定积分的方法称为**第一类换元积分法**.

上式也称为不定积分的变量代换公式，它就是设法将被积表达式写成 $f[\varphi(x)]\varphi'(x)dx = f[\varphi(x)]d\varphi(x)$ 的形式，通过变量代换 $u = \varphi(x)$ 求出其不定积分，而它的关键在于凑微分 $\varphi'(x)dx = d\varphi(x)$，故也称为**凑微分法**.

例 5.2.2 求 $\int e^{3x}dx$.

解 因为被积函数 e^{3x} 可分解为 $y = e^u$，$u = 3x$，因此，我们可作变换 $u = 3x$，因为 $du = d(3x) = 3dx$，则有

$$\int e^{3x}dx = \frac{1}{3}\int e^{3x}d(3x) = \frac{1}{3}\int e^u du = \frac{1}{3}e^{3x} + C$$

例 5.2.3 求 $\int (x+1)^{10}dx$.

解 因为被积函数 $(x+1)^{10}$ 可分解为 $y = u^{10}$，$u = x+1$，$du = d(x+1) = dx$，故

$$\int (x+1)^{10}dx = \int (x+1)^{10}d(x+1)$$
$$= \int u^{10}du = \frac{1}{11}u^{11} + C = \frac{1}{11}(x+1)^{11} + C$$

例 5.2.4 求 $\int \frac{1}{2x-3}dx$.

解 令 $u = 2x-3$，因为 $du = d(2x-3) = 2dx$，所以

$$\int \frac{1}{2x-3}dx = \int \frac{1}{2x-3} \cdot \frac{1}{2}d(2x-3) = \frac{1}{2}\ln|2x-3| + C$$

例 5.2.5 求 $\int 2xe^{x^2}dx$.

解
$$\int 2xe^{x^2}dx = \int e^{x^2}d(x^2)$$

令 $u = x^2$，则

$$原式 = \int e^u du = e^u + C = e^{x^2} + C$$

例 5.2.6 求 $\int \tan x dx$.

解 $\int \tan x dx = \int \frac{\sin x}{\cos x}dx = -\int \frac{1}{\cos x} \cdot (-\sin x)dx = -\int \frac{1}{\cos x}d(\cos x)$

令 $u = \cos x$，则

$$原式 = -\int \frac{1}{u}du = -\ln|u| + C$$

$$= -\ln|\cos x| + C$$

运算中的换元过程在熟练之后可以省略，即不必写出换元变量 u.

例 5.2.7 求 $\int \frac{\ln x}{x}dx$.

解 $\int \frac{\ln x}{x}dx = \int \ln x \cdot \frac{1}{x}dx = \int \ln x d\ln x = \frac{1}{2}(\ln x)^2 + C$

例 5.2.8 求 $\int \frac{\cos x}{1 + \sin^2 x}dx$.

解 因为 $\cos x dx = d(\sin x)$，所以

$$\int \frac{\cos x}{1 + \sin^2 x}dx = \int \frac{1}{1 + \sin^2 x}d(\sin x) = \arctan(\sin x) + C$$

例 5.2.9 求 $\int x\sqrt{1-x^2}dx$.

解 $\int x\sqrt{1-x^2}dx = -\frac{1}{2}\int \sqrt{1-x^2}d(1-x^2)$

$$= -\frac{1}{2} \cdot \frac{2}{3}(1-x^2)^{\frac{3}{2}} + C$$

$$= -\frac{1}{3}(1-x^2)^{\frac{3}{2}} + C$$

例 5.2.10 求 $\int \frac{dx}{a^2 + x^2} \ (a \neq 0)$.

解 $\int \frac{dx}{a^2 + x^2} = \frac{1}{a}\int \frac{1}{1 + \left(\frac{x}{a}\right)^2} \cdot \frac{1}{a}dx = \frac{1}{a}\int \frac{1}{1 + \left(\frac{x}{a}\right)^2}d\left(\frac{x}{a}\right)$

$$= \frac{1}{a}\arctan \frac{x}{a} + C$$

例 5.2.11 求 $\int \sin^2 x \cos^3 x \mathrm{d}x$.

解 $\int \sin^2 x \cos^3 x \mathrm{d}x = \int \sin^2 x \cos^2 x \cos x \mathrm{d}x = \int \sin^2 x (1 - \sin^2 x) \mathrm{d}(\sin x)$

$$= \int (\sin^2 x - \sin^4 x) \mathrm{d}(\sin x)$$

$$= \frac{1}{3} \sin^3 x - \frac{1}{5} \sin^5 x + C$$

例 5.2.12 求 $\int \cos^2 x \mathrm{d}x$.

解 $\int \cos^2 x \mathrm{d}x = \frac{1}{2} \int (1 + \cos 2x) \mathrm{d}x$

$$= \frac{1}{2} \int \mathrm{d}x + \frac{1}{4} \int \cos 2x \mathrm{d}(2x)$$

$$= \frac{x}{2} + \frac{\sin 2x}{4} + C$$

一般地,对于形如 $\int \sin^m x \mathrm{d}x$ 或 $\int \cos^m x \mathrm{d}x$ 的积分,主要看 m 为奇数还是偶数,采用的方法是:"**奇数凑微分,偶数倍角来降幂.**"

例 5.2.13 求 $\int \sin 2x \mathrm{d}x$.

解法 1 $\int \sin 2x \mathrm{d}x = \frac{1}{2} \int \sin 2x \mathrm{d}(2x) = -\frac{1}{2} \cos 2x + C$

解法 2 $\int \sin 2x \mathrm{d}x = 2 \int \sin x \cos x \mathrm{d}x = 2 \int \sin x \mathrm{d}(\sin x) = \sin^2 x + C$

解法 3 $\int \sin 2x \mathrm{d}x = 2 \int \sin x \cos x \mathrm{d}x = -2 \int \cos x \mathrm{d}(\cos x) = -\cos^2 x + C$

注意:求同一个积分,可以有多种解法,其结果在形式上可能不同,但实际上它们只是积分常数有区别,可以通过对结果进行求导计算,验证其导数都等于被积函数,即答案皆正确.

运用凑微分法的难点在于原题并未指明应该把哪一部分凑成微分的形式,这需要通过大量的练习积累经验,才能逐步掌握这一方法.可熟悉几种典型的"凑微分"的方法,在计算不定积分时会有所帮助,例如:

$\mathrm{d}x = \frac{1}{a} \mathrm{d}(ax + b)$; $x^n \mathrm{d}x = \frac{1}{n+1} \mathrm{d}x^{n+1}$;

$\mathrm{e}^x \mathrm{d}x = \mathrm{d}(\mathrm{e}^x)$; $\frac{1}{x} \mathrm{d}x = \mathrm{d}(\ln|x|)$;

$a^x \mathrm{d}x = \frac{1}{\ln a} \mathrm{d}(a^x)$; $\cos x \mathrm{d}x = \mathrm{d}(\sin x)$;

$\sin x \mathrm{d}x = -\mathrm{d}(\cos x)$; $\sec^2 x \mathrm{d}x = \mathrm{d}(\tan x)$;

$\csc^2 x = -\mathrm{d}(\cot x)$; $\sec x \tan x \mathrm{d}x = \mathrm{d}(\sec x)$;

$\dfrac{\mathrm{d}x}{\sqrt{1 - x^2}} = \mathrm{d}(\arcsin x)$; $\dfrac{\mathrm{d}x}{1 + x^2} = \mathrm{d}(\arctan x)$.

5.2.2　第二类换元积分法

第一类换元积分法可以解决一部分不定积分的计算问题，但对于某些无理函数的积分，如 $\int \dfrac{1}{1+\sqrt{x}}\mathrm{d}x$ 等，就难以用凑微分的方法来积分了，此时需用第二类换元积分法.

定理 5.2.2　设函数 $f(x)$，$x=\varphi(t)$ 及 $\varphi'(t)$ 皆连续，且 $\varphi'(t)\neq 0$，$x=\varphi(t)$ 的反函数 $t=\varphi^{-1}(x)$ 存在且连续，若 $\int f[\varphi(t)]\varphi'(t)\mathrm{d}t = F(t)+C$，则

$$\int f(x)\mathrm{d}x = F[\varphi^{-1}(x)]+C \qquad (5.2.2)$$

公式(5.2.2)说明对不定积分 $\int f(x)\mathrm{d}x$ 可以通过变量代换 $x=\varphi(t)$ 达到求解的目的，但变量代换 $x=\varphi(t)$ 表达式的选择要恰当，要能使得以 t 作为新积分变量的不定积分容易求出，然后再将所得结果中的变量 t 用 $t=\varphi^{-1}(x)$ 代回，得到原来变量 x 的函数.

一般地，被积函数中含有根式会给不定积分的求解带来困难，这时可以考虑对不定积分作变量代换，使得新的不定积分的被积函数不再含有根式.

（1）被积函数含有 $\sqrt[n]{ax+b}$（$a\neq 0$，b 为常数，n 为正整数且 $n>1$），可作有理代换 $t=\sqrt[n]{ax+b}$，即 $x=\dfrac{1}{a}(t^{n}-b)$，去掉根式.

例 5.2.14　求 $\int \dfrac{1}{\sqrt{x}-1}\mathrm{d}x$.

解　求这个积分的困难在于被积函数中含有根式，为了去掉根式，令 $\sqrt{x}=t$，则 $x=t^{2}$，$\mathrm{d}x=2t\mathrm{d}t$，所以

$$\int \frac{1}{\sqrt{x}-1}\mathrm{d}x = \int \frac{2t}{t-1}\mathrm{d}t = \int 2\frac{t-1+1}{t-1}\mathrm{d}t$$

$$= 2\int\left(1+\frac{1}{t-1}\right)\mathrm{d}t = 2(t+\ln|t-1|)+C$$

$$= 2\sqrt{x}+2\ln\left|\sqrt{x}-1\right|+C$$

例 5.2.15　$\int \dfrac{x^{2}}{\sqrt{2x-1}}\mathrm{d}x$.

解　令 $t=\sqrt{2x-1}$，即 $x=\dfrac{1}{2}(t^{2}+1)$，$\mathrm{d}x=t\mathrm{d}t$，所以有

$$\int \frac{x^{2}}{\sqrt{2x-1}}\mathrm{d}x = \int \frac{1}{t}\cdot\frac{1}{4}(t^{2}+1)^{2}t\mathrm{d}t$$

$$= \frac{1}{20}t^{5}+\frac{1}{6}t^{3}+\frac{1}{4}t+C$$

$$= \frac{1}{20}(2x-1)^{\frac{5}{2}}+\frac{1}{6}(2x-1)^{\frac{3}{2}}+\frac{1}{4}(2x-1)^{\frac{1}{2}}+C$$

例 5.2.16 求 $\displaystyle\int \frac{\mathrm{d}x}{\sqrt{x} + \sqrt[3]{x}}$.

解 令 $\sqrt[6]{x} = t \ (t > 0)$，则 $x = t^6$，$\mathrm{d}x = 6t^5\mathrm{d}t$，所以有

$$\int \frac{\mathrm{d}x}{\sqrt{x} + \sqrt[3]{x}} = \int \frac{6t^5\mathrm{d}t}{t^3 + t^2} = 6\int \frac{t^3}{t + 1}\mathrm{d}t = 6\int \frac{(t^3 + 1) - 1}{t + 1}\mathrm{d}t$$

$$= 6\int \left(t^2 - t + 1 - \frac{1}{1 + t}\right)\mathrm{d}t$$

$$= 6\left[\frac{t^3}{3} - \frac{t^2}{2} + t - \ln(1 + t)\right] + C$$

$$= 2\sqrt{x} - 3\sqrt[3]{x} + 6\sqrt[6]{x} - 6\ln(1 + \sqrt[6]{x}) + C$$

如果被积函数中含有不同根指数的同一个函数的根式，我们可以取各不同根指数的最小公倍数作为这个函数的根指数，并以所得根式为新的积分变量 t，从而同时消除了被积函数中的这些根式.

（2）**被积函数含有** $\sqrt{a^2 - x^2}$、$\sqrt{x^2 + a^2}$、$\sqrt{x^2 - a^2}$（$a > 0$），可做三角代换，分别令 $x = a\sin t$、$x = a\tan t$、$x = a\sec t$，代换去掉根式.

例 5.2.17 求 $\displaystyle\int \sqrt{a^2 - x^2}\,\mathrm{d}x.\ (a > 0)$

解 设 $x = a\sin t\left(-\dfrac{\pi}{2} < t < \dfrac{\pi}{2}\right)$，则

$$\sqrt{a^2 - x^2} = a\cos t, \mathrm{d}x = \mathrm{d}(a\sin t) = a\cos t\,\mathrm{d}t$$

于是

$$\int \sqrt{a^2 - x^2}\,\mathrm{d}x = \int a\cos t \cdot a\cos t\,\mathrm{d}t = a^2\int \cos^2 t\,\mathrm{d}t$$

$$= a^2\int \frac{1 + \cos 2t}{2}\mathrm{d}t$$

$$= \frac{a^2}{2}\left(t + \frac{\sin 2t}{2}\right) + C$$

$$= \frac{a^2}{2}(t + \sin t\cos t) + C$$

$$= \frac{a^2}{2}\arcsin \frac{x}{a} + \frac{x}{2}\sqrt{a^2 - x^2} + C$$

还原 x 的表达式可根据 $\sin t = \dfrac{x}{a}$ 作辅助三角形，如图 5.2 所示.

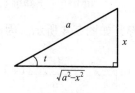

图 5.2

例 5.2.18 求 $\int \dfrac{\mathrm{d}x}{\sqrt{a^2 + x^2}}$.　$(a > 0)$

解 由三角公式 $1 + \tan^2 t = \sec^2 t$，令 $x = a\tan t \left(-\dfrac{\pi}{2} < t < \dfrac{\pi}{2}\right)$，则

$$\sqrt{a^2 + x^2} = a\sec t,\ \mathrm{d}x = a\sec^2 t\,\mathrm{d}t$$

于是

$$\int \frac{\mathrm{d}x}{\sqrt{a^2 + x^2}} = \int \frac{a\sec^2 t}{a\sec t}\mathrm{d}t = \int \sec t\,\mathrm{d}t = \int \frac{1}{\cos t}\mathrm{d}t = \int \frac{\cos t}{\cos^2 t}\mathrm{d}t$$

$$= \int \frac{\mathrm{d}(\sin t)}{1 - \sin^2 t} = \frac{1}{2}\ln\left|\frac{1 + \sin t}{1 - \sin t}\right| + C_1$$

$$= \frac{1}{2}\ln\left|\frac{(1 + \sin t)^2}{1 - \sin^2 t}\right| + C_1 = \frac{1}{2}\ln\left|\frac{(1 + \sin t)^2}{\cos^2 t}\right| + C_1$$

$$= \ln\left|\frac{1 + \sin t}{\cos t}\right| + C_1 = \ln|\sec t + \tan t| + C_1$$

还原 x 的表达式可根据 $\tan t = \dfrac{x}{a}$ 作辅助三角形，如图 5.3 所示．因此

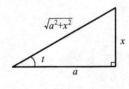

图 5.3

$$\int \frac{\mathrm{d}x}{\sqrt{a^2 + x^2}} = \ln\left|\frac{\sqrt{a^2 + x^2}}{a} + \frac{x}{a}\right| + C_1$$

$$= \ln\left|x + \sqrt{a^2 + x^2}\right| + C \quad (C = C_1 - \ln a)$$

例 5.2.19 求 $\int \dfrac{\mathrm{d}x}{\sqrt{x^2 - a^2}}$.　$(a > 0)$

解 利用三角函数公式 $\sec^2 t - 1 = \tan^2 t$，令 $x = a\sec t \left(0 < t < \dfrac{\pi}{2}\right)$，则

$$\sqrt{x^2 - a^2} = a\tan t,\ \mathrm{d}x = a\sec t\tan t\,\mathrm{d}t$$

于是

$$\int \frac{\mathrm{d}x}{\sqrt{x^2 - a^2}} = \int \frac{a\sec t\tan t}{a\tan t}\mathrm{d}t = \int \sec t\,\mathrm{d}t$$

$$= \ln|\sec t + \tan t| + C_1$$

根据 $\sec t = \dfrac{x}{a}$，作辅助三角形，如图 5.4 所示．因此

$$\int \frac{\mathrm{d}x}{\sqrt{x^2 - a^2}} = \ln\left|\frac{x}{a} + \frac{\sqrt{x^2 - a^2}}{a}\right| + C_1$$

$$= \ln\left|x + \sqrt{x^2 - a^2}\right| + C \quad (C = C_1 - \ln a)$$

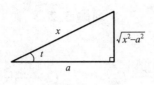

图 5.4

由以上例题可以看出，一般情况下，在被积函数中出现根号，会采用第二类换元积分法，但并不是所有的含有根式的不定积分都要用此方法，例如 $\int \dfrac{\mathrm{e}^{\sqrt{x}}}{\sqrt{x}}\mathrm{d}x$，$\int \dfrac{x}{\sqrt{x^2 + a^2}}\mathrm{d}x$ 等运用凑微分法显然要简单得多. 积分的换元法虽然也有些规律可循，但在具体运用时十分灵活. 不定积分的求出在很大程度上依赖于我们的实际经验、运算技巧和机智. 当然，第二类换元积分法也可用于其他类型的不定积分.

例 5.2.20 求 $\displaystyle\int \dfrac{1}{x(1 + \ln x)}\mathrm{d}x$.

解 令 $t = \ln x$，$x = \mathrm{e}^t$，则

$$\mathrm{d}x = \mathrm{e}^t \mathrm{d}t$$

$$\int \frac{1}{x(1 + \ln x)}\mathrm{d}x = \int \frac{\mathrm{e}^t}{\mathrm{e}^t(1 + t)}\mathrm{d}t = \int \frac{1}{1 + t}\mathrm{d}t$$

$$= \ln|t + 1| + C = \ln|\ln x + 1| + C$$

例 5.2.21 求 $\displaystyle\int \dfrac{1}{1 + \mathrm{e}^x}\mathrm{d}x$

解 令 $t = \mathrm{e}^x$，则 $x = \ln t$，$\mathrm{d}x = \dfrac{\mathrm{d}t}{t}$

$$\int \frac{1}{1 + \mathrm{e}^x}\mathrm{d}x = \int \frac{1}{t(1 + t)}\mathrm{d}t = \int \frac{1}{t}\mathrm{d}t - \int \frac{1}{t + 1}\mathrm{d}t$$

$$= \ln t - \ln(t + 1) + C = \ln \mathrm{e}^x - \ln(\mathrm{e}^x + 1) + C$$

$$= x - \ln(\mathrm{e}^x + 1) + C$$

例 5.2.22 求 $\displaystyle\int \dfrac{\mathrm{d}x}{x\sqrt{4 - x^2}}$.

解 令 $\sqrt{4 - x^2} = t$ $(0 < t < 2)$，$x = \sqrt{4 - t^2}$ 则 $\mathrm{d}x = \dfrac{-t}{\sqrt{4 - t^2}}\mathrm{d}t$

$$\int \frac{\mathrm{d}x}{x\sqrt{4 - x^2}} = \int \frac{1}{t\sqrt{4 - t^2}} \cdot \frac{-t}{\sqrt{4 - t^2}}\mathrm{d}t$$

$$= \int \frac{1}{t^2 - 4}\mathrm{d}t = \frac{1}{4}\ln\left|\frac{t - 2}{t + 2}\right| + C$$

$$= \frac{1}{4}\ln\left|\frac{\sqrt{4 - x^2} - 2}{\sqrt{4 - x^2} + 2}\right| + C$$

习题 5.2

1. 填空题

(1) $x\mathrm{d}x = (\qquad)\mathrm{d}(ax^2+b)$;　　　　(2) $\dfrac{1}{\sqrt{x}}\mathrm{d}x = (\qquad)\mathrm{d}\sqrt{x}$;

(3) $x^2\mathrm{d}x = (\qquad)\mathrm{d}x^3$;　　　　(4) $\sin x\mathrm{d}x = (\qquad)\mathrm{d}\cos x$;

(5) $\dfrac{1}{\sqrt{1-x^2}}\mathrm{d}x = \mathrm{d}(\qquad)$;　　　　(6) $\mathrm{d}e^{2x} = (\qquad)\mathrm{d}x$.

2. 求下列不定积分

(1) $\displaystyle\int \dfrac{e^x}{3+e^x}\mathrm{d}x$;　　　　(2) $\displaystyle\int \dfrac{1}{\sqrt{1-3x}}\mathrm{d}x$;

(3) $\displaystyle\int x^2 e^{x^3}\mathrm{d}x$;　　　　(4) $\displaystyle\int \dfrac{e^{\sqrt{x}}}{\sqrt{x}}\mathrm{d}x$;

(5) $\displaystyle\int \dfrac{\mathrm{d}x}{x\ln x}$;　　　　(6) $\displaystyle\int \cos x e^{\sin x}\mathrm{d}x$;

(7) $\displaystyle\int \cos(3x+4)\mathrm{d}x$;　　　　(8) $\displaystyle\int \dfrac{x}{(1+3x^2)^2}\mathrm{d}x$;

(9) $\displaystyle\int \dfrac{1}{4+9x^2}\mathrm{d}x$;　　　　(10) $\displaystyle\int \dfrac{\cos x}{\sin^2 x}\mathrm{d}x$.

3. 求下列不定积分

(1) $\displaystyle\int x\sqrt{x+1}\,\mathrm{d}x$;　　　　(2) $\displaystyle\int \dfrac{\sqrt{x}}{\sqrt{x}+1}\mathrm{d}x$;

(3) $\displaystyle\int \dfrac{x^2}{\sqrt{4-x^2}}\mathrm{d}x$;　　　　(4) $\displaystyle\int \dfrac{\mathrm{d}x}{(x^2+9)^2}$.

5.3　分部积分法

利用直接积分法和换元积分法可以解决大量的不定积分计算问题，但是仍然有不定积分，如 $\displaystyle\int x\cos x\mathrm{d}x, \int xe^x\mathrm{d}x, \int \ln x\mathrm{d}x$ 等无法用上述方法求出，本节将要介绍另一种积分方法——分部积分法，它是建立在函数乘积的求导法则基础上的一种不定积分计算方法.

定理 5.3.1　若函数 $u(x)$ 与 $v(x)$ 可导，且不定积分 $\displaystyle\int u'(x)v(x)\mathrm{d}x$ 存在，则 $\displaystyle\int u(x)v'(x)\mathrm{d}x$ 也存在，并有

$$\int u(x)v'(x)\mathrm{d}x = u(x)v(x) - \int u'(x)v(x)\mathrm{d}x = u(x)v(x) - \int v(x)\mathrm{d}u(x)$$

$$(5.3.1)$$

证明：根据函数乘积的求导法则有
$$[u(x)v(x)]' = u'(x)v(x) + u(x)v'(x)$$
或
$$u(x)v'(x) = [u(x)v(x)]' - u'(x)v(x)$$
将上式两边求不定积分就得到式(5.3.1).

式(5.3.1)称为不定积分的**分部积分公式**，利用它求出函数积分的方法称为**分部积分法**.

分部积分公式也可简单地写作
$$\int u dv = uv - \int v du \qquad (5.3.2)$$

式(5.3.2)表明，当积分 $\int uv' dx$（或 $\int u dv$）不易计算而积分 $\int vu' dx$（或 $\int v du$）容易计算时，分部积分公式将起到化难为易的作用. 而运用这个公式的关键是如何将所求积分转化为 $\int uv' dx$ 或 $\int u dv$ 的形式，即正确地选取 u 和 dv.

例 5.3.1　求 $\int x \cos x dx$.

解　令 $u = x$，$dv = \cos x dx = (\sin x)' dx = d(\sin x)$，则 $v = \sin x$，有
$$\int x \cos x dx = \int x d \sin x = x \sin x - \int \sin x dx$$
$$= x \sin x + \cos x + C$$
若令 $u = \cos x$，则得
$$\int x \cos x dx = \int \cos x d \frac{x^2}{2} = \frac{x^2}{2} \cos x + \int \frac{x^2}{2} \sin x dx$$

反而使所求积分更加复杂. 可见使用分部积分的关键在于被积表达式中的 u 和 dv 的适当选择. 一般的标准是：(1) v 容易计算；(2) $\int v du$ 比 $\int u dv$ 容易计算.

例 5.3.2　求 $\int \ln x dx$.

解　因为被积函数为一个函数，所以积分已是 $\int u dv$ 的形式，可直接运用公式，即取 $u = \ln x$，$dv = dx$，则有
$$\int \ln x dx = x \ln x - \int x d(\ln x) = x \ln x - \int x \cdot \frac{1}{x} dx = x \ln x - x + C$$

例 5.3.3　求 $\int x \ln x dx$.

解　取 $u = \ln x$，幂函数 x 凑微分，即 $x dx = d\left(\frac{1}{2}x^2\right) = dv$，从而

$$\int x \ln x \mathrm{d}x = \int \ln x \mathrm{d}\frac{x^2}{2} = \frac{x^2}{2}\ln x - \int \frac{x^2}{2} \cdot \frac{1}{x}\mathrm{d}x$$

$$= \frac{x^2}{2}\ln x - \frac{1}{2}\int x \mathrm{d}x$$

$$= \frac{x^2}{2}\ln x - \frac{x^2}{4} + C$$

例 5.3.4 求 $\int \arcsin x \mathrm{d}x$.

解 $\int \arcsin x \mathrm{d}x = x\arcsin x - \int x \cdot \dfrac{\mathrm{d}x}{\sqrt{1-x^2}}$

$$= x\arcsin x + \sqrt{1-x^2} + C$$

例 5.3.5 求 $\int xe^2 \mathrm{d}x$.

解 取 $u = x$, 指数函数 e^x 凑微分, 即 $e^x \mathrm{d}x = \mathrm{d}(e^x) = \mathrm{d}v$, 则

$$\int xe^x \mathrm{d}x = \int x \mathrm{d}(e^x) = xe^x - \int e^x \mathrm{d}x = xe^x - e^x + C$$

例 5.3.6 求 $\int x \sin^x x \mathrm{d}x$.

解 $\int x \sin^2 x \mathrm{d}x = \int x \dfrac{1 - \cos 2x}{2} \mathrm{d}x$

$$= \frac{1}{2}\int x \mathrm{d}x - \frac{1}{4}\int x \mathrm{d}\sin 2x$$

$$= \frac{1}{4}x^2 - \frac{1}{4}x\sin 2x + \frac{1}{4}\int \sin 2x \mathrm{d}x$$

$$= \frac{1}{4}x^2 - \frac{1}{4}x\sin 2x - \frac{1}{8}\cos 2x + C$$

例 5.3.7 求 $\int e^x \sin x \mathrm{d}x$.

解 $\int e^x \sin x \mathrm{d}x = \int \sin x \mathrm{d}(e^x) = e^x \sin x - \int e^x \mathrm{d}(\sin x)$

$$= e^x \sin x - \int e^x \cos x \mathrm{d}x$$

$$= e^x \sin x - \int \cos x \mathrm{d}(e^x)$$

$$= e^x \sin x - e^x \cos x + \int e^x \mathrm{d}(\cos x)$$

$$= e^x \sin x - e^x \cos x - \int e^x \sin x \mathrm{d}x$$

把 $-\int e^x \sin x \mathrm{d}x$ 移到等式左端, 两边同除以 2, 得

$$\int e^x \sin x \mathrm{d}x = \frac{1}{2}e^x(\sin x - \cos x) + C$$

综合以上各例, 选择 u 和 v 的一般规律如下.

（1）若被积函数为幂函数与指数函数（或三角函数）的乘积，则可把幂函数当做 u.

（2）若被积函数为幂函数与对数函数（或反三角函数）的乘积，则可把对数函数（或反三角函数）当做 u.

（3）若被积函数为指数函数与三角函数的乘积，选哪个函数作 u 都可以（选定后就应固定下来），经过两次或两次以上分部积分后，会出现与原来积分相同的项，经过移项、合并后即可求出积分，这称为**循环方法**.

分部积分法的选 u 原则也可简记为"**反对幂指三**". 即如果被积函数中出现基本初等函数中两类函数的乘积，则次序在前者为 u，在后者为 v'（进入微分号为 v）.

在求不定积分时，有时只用一种方法并不能求出结果，需要综合运用换元积分法与分部积分法.

例 5.3.8 求 $\int e^{\sqrt{x}} dx$.

解 先换元，令 $t = \sqrt{x}$，则 $x = t^2$，$dx = 2tdt$，于是

$$\int e^{\sqrt{x}} dx = 2\int te^t dt = 2\int t d(e^t) = 2\left(te^t - \int e^t dt\right)$$
$$= 2te^t - 2e^t + C(回代\ t = \sqrt{x})$$
$$= 2\sqrt{x}e^{\sqrt{x}} - 2e^{\sqrt{x}} + C$$

但需要说明的是：虽然到目前为止，我们已经掌握了求不定积分的不少方法，而且初等函数在其定义域内一定存在原函数，但原函数能用初等函数表示出来的，只是很少一部分，很大一部分初等函数的原函数是不能用初等函数表示出来的，通常称这些初等函数的不定积分是"积不出"的. 例如 $\int e^{-x^2} dx$，$\int \dfrac{\sin x}{x} dx$，$\int \dfrac{dx}{\ln x}$，$\int \dfrac{dx}{\sqrt{1 + x^4}}$ 等，都属于这种类型. 我们可以用数学软件在计算机上求出它们的原函数.

习题 5.3

1. 用分部积分法求下列不定积分

（1）$\int \arccos x dx$；　　　　　（2）$\int \arctan x dx$；

（3）$\int x\sin 2x dx$；　　　　　（4）$\int e^x \cos x dx$；

（5）$\int x^2 e^{-x} dx$；　　　　　（6）$\int \ln(1 + x^2) dx$.

2. 求下列不定积分

（1）$\int e^{\sqrt[3]{x}} dx$；　　　　　（2）$\int \sin\sqrt{x} dx$.

复习题五

1. 选择题

（1）$\int f(x)\,dx$ 指的是 $f(x)$ 的（　　）.

A. 某一个原函数　　　　　　　B. 所有的原函数

C. 唯一一个原函数　　　　　　D. 任意一个原函数

（2）$\int\left(\dfrac{1}{\sin^2 x}+1\right)d(\sin x)=$（　　）.

A. $-\cot x+x+C$　　　　　　B. $-\dfrac{1}{\sin x}+x+C$

C. $-\dfrac{1}{\sin x}+\sin x+C$　　　　D. $-\cot x+\sin x+C$

（3）下列函数中，原函数为 $\ln 2x+C$（C 是任意常数）的是（　　）.

A. $\dfrac{1}{x}$　　　　　　　　B. $\dfrac{2}{x}$

C. $\dfrac{1}{2^x}$　　　　　　　　D. $\dfrac{1}{x^2}$

（4）若导函数 $f'(x)$ 存在且连续，则 $\left[\displaystyle\int df(x)\right]'=$（　　）.

A. $f(x)$　　　　　　　　　　B. $f'(x)$

C. $f'(x)+C$　　　　　　　　D. $f(x)+C$

（5）若 $f(x)$ 为可导函数，则正确的是（　　）.

A. $\left[\displaystyle\int f(x)\,dx\right]'=f(x)$　　　B. $d\left[\displaystyle\int f(x)\,dx\right]=f(x)$

C. $\displaystyle\int f'(x)\,dx=f(x)$　　　　D. $\displaystyle\int df(x)=f(x)$

（6）如果 e^{-x} 是函数 $f(x)$ 的一个原函数，则不定积分 $\int f(x)\,dx=$（　　）.

A. $-e^x+C$　　　　　　　　B. e^x+C

C. $-e^{-x}+C$　　　　　　　D. $e^{-x}+C$

（7）若不定积分 $\int f(x)\,dx=2\cos\dfrac{x}{2}+C$，则函数 $f(x)=$（　　）.

A. $-2\sin\dfrac{x}{2}$　　　　　　B. $-\sin\dfrac{x}{2}$

C. $\sin\dfrac{x}{2}$　　　　　　　D. $-\sin x$

（8）不定积分 $\int f(x)\,df(x)=$（　　）.

A. $f(x) + C$　　　　　　　B. $f'(x) + C$

C. $\dfrac{1}{2}f^2(x) + C$　　　　D. $2f^2(x) + C$

2. 填空题

(1) $x^3 \mathrm{d}x = $ _____ $\mathrm{d}(3 - 2x^4)$.

(2) $\int (x^4 + 2\mathrm{e}^x)\mathrm{d}x = $ _____ .

(3) 设 $f(x) = x^2\cos x$，则 $\int f'(x)\mathrm{d}x = $ _____ .

(4) 已知 $\int f(x)\mathrm{d}x = F(x) + C$，则 $\int \mathrm{e}^{-x}f(\mathrm{e}^{-x})\mathrm{d}x = $ _____ .

(5) 已知 $\int f(x)\mathrm{d}x = \arcsin 2x + C$，则 $f(x) = $ _____ .

(6) 一个已知的函数，有 _____ 个原函数，其中任意两个原函数的差是一个 _____ ，$f(x)$ 的 _____ 称为 $f(x)$ 的不定积分；

(7) 由 $F'(x) = f(x)$ 可知，在积分曲线族 $y = F(x) + C$（C 是任意常数）上横坐标相同的点处作切线，这些切线彼此是 _____ 的；

(8) 若函数 $f(x)$ 在某闭区间上 _____ ，则在该区间上 $f(x)$ 的原函数一定存在 .

3. 判断题

(1) 设 $f(x) = \dfrac{1}{x}$，则 $\int f'(x)\mathrm{d}x = -\dfrac{1}{x^2} + C$.　　　　　　(　)

(2) $\int 3^x 4^x \mathrm{d}x = 12^x + C$.　　　　　　　　　　　　　　(　)

(3) $\dfrac{\mathrm{d}}{\mathrm{d}x}\int \sqrt{x^5 + 1}\,\mathrm{d}x = \sqrt{x^5 + 1}\,\mathrm{d}x$.　　　　　　　(　)

(4) $\int f(x)g(x)\mathrm{d}x = \int f(x)\mathrm{d}x \cdot \int g(x)\mathrm{d}x$.　　　　　　(　)

(5) 函数 $\cos^2 x$ 是函数 $\sin 2x$ 的一个原函数 .　　　　　　　(　)

(6) $\int kf(x)\mathrm{d}x = k\int f(x)\mathrm{d}x.\ (k \neq 0)$　　　　　　　　　(　)

(7) 对于区间 (a,b) 内的任意一点 x，如果总有 $f'(x) = g'(x)$ 成立，则 $f(x) = g(x) + C$ 必成立 .　　　　　　　　　　　　　　　　(　)

(8) 已知一个函数 y 的导数为 $y' = 3x^2$，且 $x = 1$ 时，$y = 5$，则该函数为 $y = x^3 + 4$.　　　　　　　　　　　　　　　　　　(　)

4. 求下列不定积分

(1) $\int \dfrac{1}{x^2}\cos\dfrac{1}{x}\mathrm{d}x$；　　　　　　(2) $\int \dfrac{\mathrm{e}^x}{\sqrt{\mathrm{e}^x + 1}}\mathrm{d}x$；

(3) $\int x(1 - x^2)^{10}\mathrm{d}x$；　　　　(4) $\int \dfrac{\sqrt{x - 1}}{x}\mathrm{d}x$；

(5) $\int \dfrac{1}{\sqrt{1 - 9x^2}}\mathrm{d}x$；　　　　(6) $\int x^2\ln x\mathrm{d}x$.

阅读与欣赏（五）

莱布尼兹

莱布尼兹（1646—1716），是 17、18 世纪之交德国最重要的数学家、物理学家和哲学家，一个举世罕见的科学天才．他博览群书，涉猎百科，对丰富人类的科学知识宝库做出了不可磨灭的贡献．

莱布尼兹出生于德国东部莱比锡的一个书香之家，父亲是莱比锡大学的道德哲学教授，母亲出生在一个教授家庭．莱布尼兹的父亲在他年仅 6 岁时便去世了，给他留下了丰富的藏书．莱布尼兹因此得以广泛接触古希腊、古罗马文化，阅读了许多著名学者的著作，由此而获得了坚实的文化功底和明确的学术目标．15 岁时，他进入莱比锡大学学习法律，一进校便跟上了大学二年级标准的人文学科的课程，还广泛阅读了培根、开普勒、伽利略等人的著作，并对他们的著述进行深入的思考和评价．在听了教授讲授欧几里得的《几何原本》的课程后，莱布尼兹对数学产生了浓厚的兴趣．17 岁时他在耶拿大学学习了短时期的数学，并获得了哲学硕士学位．

17 世纪下半叶，欧洲科学技术迅猛发展，由于生产力的提高和社会各方面的迫切需要，经各国科学家的努力与历史的积累，建立在函数与极限概念基础上的微积分理论应运而生了．微积分思想，最早可以追溯到希腊由阿基米德等人提出的计算面积和体积的方法．1665 年牛顿创立了微积分，莱布尼兹在 1673～1676 年间也发表了微积分思想的论著．以前，微分和积分作为两种数学运算、两类数学问题，是分别加以研究的．卡瓦列里、巴罗、沃利斯等人得到了一系列求面积(积分)、求切线斜率(导数)的重要结果，但这些结果都是孤立的，不连贯的．只有莱布尼兹和牛顿将积分和微分真正沟通起来，明确地找到了两者内在的直接联系：微分和积分是互逆的两种运算，而这是微积分建立的关键所在．只有确立了这一基本关系，才能在此基础上构建系统的微积分学，并从对各种函数的微分和积分公式中，总结出共同的算法程序，使微积分方法普遍化，发展成用符号表示的微积分运算法则．因此，微积分"是牛顿和莱布尼兹大体上完成的，但不是由他们发明的"（恩格斯《自然辩证法》）．

莱布尼兹对中国的科学、文化和哲学思想十分关注，是最早研究中国文化和中国哲学的德国人．

第6章
定积分及其应用

本章目标 »

本章主要介绍定积分及其应用的相关知识. 通过本章的学习, 要求学生理解定积分的概念; 掌握定积分的基本性质; 掌握变上限定积分导数的计算方法; 熟练应用牛顿–莱布尼兹公式计算定积分; 熟练掌握定积分的换元积分法和分部积分法. 了解定积分在几何学与物理学问题中的应用, 会利用定积分计算平面图形的面积及旋转体的体积.

———————— ☆ ★ ☆ ————————

定积分的概念产生于计算平面上封闭曲线围成的区域面积. 后来, 人们在实践中逐步认识到, 定积分不仅是计算区域面积的数学工具, 而且也是计算许多实际问题(变力做功、水的压力、立体的体积等)的数学工具. 本章首先通过两个实际问题, 引出定积分的概念与性质; 然后通过研究定积分与不定积分的内在关系, 得出计算定积分的方法; 最后介绍定积分在几何学、物理学等领域的应用.

6.1 定积分的概念与性质

6.1.1 两个实例

1. 曲边梯形的面积

在生产科学技术中, 常需计算平面图形的面积, 在初等数学中我们已解决了直边图形的面积问题, 如三角形、四边形等. 一边是曲线的不规则图形问题曾经是定积分概念产生的一个重要背景. 下面我们研究如何计算曲边梯形的面积问题, 由此可以很容易地引出定积分的概念.

曲边梯形是指在直角坐标系中, 由连续曲线 $y = f(x)$ 与三条直线 $x = a$, $x = b$, $y = 0$ 所围成的图形, 如图 6.1 所示. 为了计算曲边梯形的面积 A, 如

图 6.2 所示，我们用一组垂直于 x 轴的直线把整个曲边梯形分割成许多小矩形，因为每个小矩形的底边是很窄的，而 $f(x)$ 又是连续变化的，所以每个小矩形面积近似于它们所在的小曲边梯形的面积. 再把这些小矩形的面积加起来，就可以得到曲边梯形 A 的近似值. 当分割无限细密时，所有小矩形面积之和的极限值就是曲边梯形面积 A 的精确值.

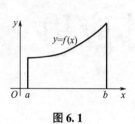

图 6.1

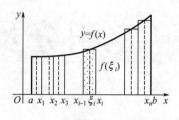

图 6.2

由以上分析，曲边梯形的面积可按下述步骤来计算：

（1）**作分割**　在区间 $[a,b]$ 内任意插入 $n-1$ 个分点：

$$a = x_0 < x_1 < x_2 < \cdots < x_{i-1} < x_i < \cdots < x_{n-1} < x_n = b$$

将区间 $[a,b]$ 分成 n 个小区间：

$$[x_0, x_1],\ [x_1, x_2],\ \cdots [x_{i-1}, x_i],\ \cdots,\ [x_{n-1}, x_n]$$

第 i 个小区间的长度记为 $\Delta x_i = x_i - x_{i-1}$（$i = 1, 2, \cdots, n$）. 过每个分点作 x 轴的垂线，将曲边梯形分成 n 个小曲边梯形，如图 6.2 所示. 第 i 个小曲边梯形的面积记为 ΔA_i.

（2）**取近似**　在每一个小区间 $[x_{i-1}, x_i]$ 上任取一点 ξ_i（$x_{i-1} \leqslant \xi_i \leqslant x_i$）（$i = 1, 2, \cdots, n$），以 Δx_i 为底、$f(\xi_i)$ 为高作小矩形，用小矩形面积 $f(\xi_i)\Delta x_i$ 近似代替第 i 个小曲边梯形面积 ΔA_i，即

$$\Delta A_i \approx f(\xi_i)\Delta x_i \quad (i = 1, 2, \cdots, n)$$

（3）**求和式**　将每个小区间上的小矩形面积加起来，得和式

$$\sum_{i=1}^{n} \Delta A_i \approx \sum_{i=1}^{n} f(\xi_i)\Delta x_i$$

此式就是曲边梯形面积 A 的近似值，即

$$A = \sum_{i=1}^{n} \Delta A_i \approx \sum_{i=1}^{n} f(\xi_i)\Delta x_i$$

（4）**取极限**　分割越细，上述和式的值越接近于曲边梯形的面积. 于是，令

$$\lambda = \max\{\Delta x_1, \Delta x_2, \cdots, \Delta x_n\}$$

当 $\lambda \to 0$ 时，上述和式的极限就是曲边梯形的面积的精确值，即

$$A = \lim_{\lambda \to 0} \sum_{i=1}^{n} f(\xi_i)\Delta x_i$$

这样，我们就给出了由曲线构成的曲边梯形的面积的计算方法，下面我们再讨论另一个与其相似的问题：变速直线运动的路程.

2. 变速直线运动的路程

设一物体做直线运动,已知速度 $v = v(t)$ 是时间 t 的函数,求在时间区间 $[T_1, T_2]$ 上物体所经过的路程 S.

(1) 作分割. 任取分点 $T_1 = t_0 < t_1 < t_2 < \cdots < t_i < \cdots < t_{n-1} < t_n = T_2$,把时间区间 $[T_1, T_2]$ 分成 n 个小区间:

$$[t_0, t_1], [t_1, t_2], \cdots, [t_{i-1}, t_i], \cdots, [t_{n-1}, t_n]$$

记第 i 个小区间 $[t_{i-1}, t_i]$ 的长度为 $\Delta t_i = t_i - t_{i-1}$,物体在第 i 时间段内所过走的路程为 ΔS_i,$(i = 1, 2, \cdots, n)$.

(2) 取近似. 在小区间 $[t_{i-1}, t_i]$ 上任取一时刻 $\xi_i (t_{i-1} \leqslant \xi_i \leqslant t_i)$ $(i = 1, 2, \cdots, n)$,以速度 $v(\xi_i)$ 代替该时间间隔内变化的速度 $v(t)$,得到 ΔS_i 的近似值

$$\Delta S_i \approx v(\xi_i) \Delta t_i$$

(3) 求和式. 把每个小时间间隔上的路程近似值相加,得到总路程的近似值

$$S = \sum_{i=1}^{n} \Delta S_i \approx \sum_{i=1}^{n} v(\xi_i) \Delta t_i$$

(4) 取极限. 当最大的小区间长度 $\lambda = \max\{\Delta t_1, \Delta t_2, \cdots, \Delta t_n\}$ 趋近于零时,上述和式的极限就是路程 S 的精确值,即

$$S = \lim_{\lambda \to 0} \sum_{i=1}^{n} v(\xi_i) \Delta t_i$$

上述两个问题的实际意义虽然不同,但其解决的方法却是相同的,最后都归结为求一个"和式极限". 具有这类特征的问题还有很多,我们去掉这些问题的实际背景,从这类和式极限中可以概括、抽象出定积分的定义.

6.1.2 定积分的定义

定义 6.1.1 设函数 $f(x)$ 在区间 $[a, b]$ 上有定义且有界,任取 n 个分点:

$$a = x_0 < x_1 < \cdots < x_{i-1} < x_i < \cdots < x_{n-1} < x_n = b$$

把区间 $[a, b]$ 分成 n 个小区间:

$$[x_0, x_1], [x_1, x_2], \cdots, [x_{i-1}, x_i], \cdots, [x_{n-1}, x_n]$$

第 i 个小区间的区间长度记为 $\Delta x_i = x_i - x_{i-1}$,$(i = 1, 2, \cdots, n)$. 在每个小区间 $[x_{i-1}, x_i]$ 上任取一点 $\xi_i (x_{i-1} \leqslant \xi_i \leqslant x_i)$ $(i = 1, 2, \cdots, n)$,作函数值 $f(\xi_i)$ 与小区间长度 Δx_i 的乘积 $f(\xi_i) \Delta x_i (i = 1, 2, \cdots, n)$ 的和式:

$$\sum_{i=1}^{n} f(\xi_i) \Delta x_i$$

记 $\lambda = \max\{\Delta x_1, \Delta x_2, \cdots, \Delta x_n\}$,如果对于区间 $[a, b]$ 无论怎样的分法和 ξ_i 怎样的取法,只要当所有的小区间长度都趋于零,即 $\lambda \to 0$ 时,上述和式的

极限存在，则称函数 $f(x)$ 在区间 $[a,b]$ 上**可积**，并称此极限值为函数 $f(x)$ 在区间 $[a,b]$ 上的**定积分**，记作 $\int_a^b f(x)\mathrm{d}x$，即

$$\int_a^b f(x)\mathrm{d}x = \lim_{\lambda \to 0} \sum_{i=1}^n f(\xi_i)\Delta x_i$$

其中，"$\int$" 称为积分号，$[a,b]$ 称为积分区间，a 称为积分下限，b 称为积分上限，x 称为积分变量，$f(x)$ 称为**被积函数**，$f(x)\mathrm{d}x$ 称为**被积表达式**.

根据定积分的定义，前面两个实际问题都可以用定积分表示.

(1) 曲边梯形面积为

$$A = \int_a^b f(x)\mathrm{d}x$$

(2) 变速直线运动路程为

$$S = \int_{T_1}^{T_2} v(t)\mathrm{d}t$$

关于定积分的定义需注意以下几点：

(1) 积分的值是一个确定的常数，这与不定积分为全体原函数完全不同；

(2) 定积分 $\int_a^b f(x)\mathrm{d}x$ 值的大小仅与被积函数 $f(x)$、积分区间 $[a,b]$ 有关，与 ξ_i 的取法、Δx_i 的分法无关，与积分变量用什么字母表示无关，因此

$$\int_a^b f(x)\mathrm{d}x = \int_a^b f(t)\mathrm{d}t = \int_a^b f(u)\mathrm{d}u$$

(3) 定积分定义中要求 $a<b$，为应用方便，补充一下规定：

当 $a>b$ 时，规定 $\int_a^b f(x)\mathrm{d}x = -\int_b^a f(x)\mathrm{d}x$；

当 $a=b$ 时，规定 $\int_a^a f(x)\mathrm{d}x = 0$.

(4) 如果函数 $f(x)$ 在 $[a,b]$ 上的定积分存在，我们就说 $f(x)$ 在区间 $[a,b]$ 上可积. 关于可积这里给出两个充分条件：

① $f(x)$ 在 $[a,b]$ 上连续，则 $f(x)$ 在 $[a,b]$ 上可积；

② $f(x)$ 在 $[a,b]$ 上有界，且只有有限个间断点，则 $f(x)$ 在 $[a,b]$ 上可积.

6.1.3 定积分的几何意义

(1) 由前面的讨论可知，若在区间 $[a,b]$ 上，$f(x) \geq 0$，定积分 $\int_a^b f(x)\mathrm{d}x$ 表示由曲线 $y=f(x)$，$x=a$，$x=b$ 和 x 轴所围成的曲边梯形的面积，如图 6.3(a) 所示，即

$$A = \int_a^b f(x)\mathrm{d}x$$

(2) 若在区间 $[a,b]$ 上 $f(x) \leq 0$，则由曲线 $y=f(x)$，$x=a$，$x=b$ 和 x 轴

所围成的曲边梯形位于 x 轴下方，如图 6.3(b) 所示，这时定积分 $\int_a^b f(x)\,\mathrm{d}x$ 表示曲边梯形面积的负值，即

$$A = -\int_a^b f(x)\,\mathrm{d}x.$$

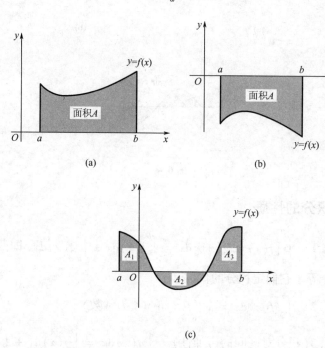

图 **6.3**

（3）若在区间 $[a,b]$ 上，$f(x)$ 有正有负，由曲线 $y=f(x)$，$x=a$，$x=b$ 和 x 轴所围成的曲边梯形既有在 x 轴上方部分又有在 x 轴下方部分，如图 6.3(c) 所示．此时定积分 $\int_a^b f(x)\,\mathrm{d}x$ 表示由曲线 $y=f(x)$，$x=a$，$x=b$ 和 x 轴所围成的平面图形面积的代数和，即

$$\int_a^b f(x)\,\mathrm{d}x = A_1 - A_2 + A_3.$$

例 6.1.1 用定积分表示图 6.4 所示图形中阴影部分的面积．

解 图 6.4(a) 中阴影部分的面积为

$$A = \int_a^b \mathrm{d}x$$

图 6.4(b) 中阴影部分的面积为

$$A = \int_0^b x\,\mathrm{d}x \quad (b>0)$$

图 6.4(c) 中阴影部分的面积为

$$A = \int_0^\pi \sin x\,\mathrm{d}x - \int_\pi^{2\pi} \sin x\,\mathrm{d}x$$

第 6 章 定积分及其应用

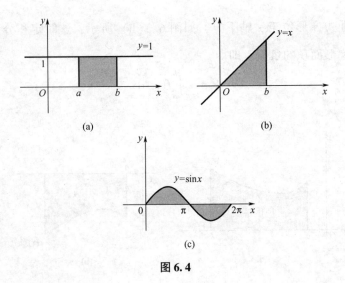

图 6.4

6.1.4　定积分的性质

性质 6.1.1　$\int_a^b [f(x) \pm g(x)]\,\mathrm{d}x = \int_a^b f(x)\,\mathrm{d}x \pm \int_a^b g(x)\,\mathrm{d}x$，即两个函数代数和的定积分等于它们定积分的代数和.

性质 6.1.2　$\int_a^b kf(x)\,\mathrm{d}x = k\int_a^b f(x)\,\mathrm{d}x$（$k$ 为常数）

性质 6.1.3（积分对区间的可加性）　$\int_a^b f(x)\,\mathrm{d}x = \int_a^c f(x)\,\mathrm{d}x + \int_c^b f(x)\,\mathrm{d}x$（$c$ 为任意常数）

性质 6.1.4　若在区间$[a,b]$上，有$f(x)\leqslant g(x)$，则$\int_a^b f(x)\,\mathrm{d}x \leqslant \int_a^b g(x)\,\mathrm{d}x$.

性质 6.1.5　如果在区间$[a,b]$上$f(x)$的最大值为M，最小值为m，则

$$m(b-a) \leqslant \int_a^b f(x)\,\mathrm{d}x \leqslant M(b-a)$$

这个性质称为定积分的**估值定理**（图 6.5）.

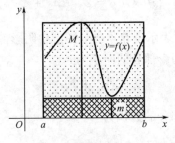

图 6.5

性质 6.1.6（积分中值定理）　设函数$f(x)$在区间$[a,b]$上连续，则在区间$[a,b]$上至少存在一点ξ，使得$\int_a^b f(x)\,\mathrm{d}x = f(\xi)(b-a)$（$a\leqslant \xi \leqslant b$）

积分中值定理的几何解释：若 $f(x)$ 在 $[a,b]$ 上连续且非负，则在 $[a,b]$ 上至少存在一点 ξ，使得以 $[a,b]$ 为底边、曲线 $y = f(x)$ 为曲边的曲边梯形的面积，与同底、高为 $f(\xi)$ 的矩形的面积相等，如图 6.6 所示．因此，通常称 $f(\xi)$ 为曲边梯形的平均高度，即

$$f(\xi) = \frac{1}{b-a}\int_a^b f(x)\,\mathrm{d}x$$

为 $f(x)$ 在区间 $[a,b]$ 上的平均值．此式用来计算连续函数的均值．

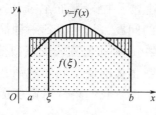

图 6.6

例 6.1.2 已知 $\int_0^{\frac{\pi}{2}} \sin x\,\mathrm{d}x = 1$，求 $\int_0^{\frac{\pi}{2}} (3\sin x - 2)\,\mathrm{d}x$．

解 根据定积分性质 6.1.1，性质 6.1.2 可知

$$\int_0^{\frac{\pi}{2}} (3\sin x - 2)\,\mathrm{d}x = 3\int_0^{\frac{\pi}{2}} \sin x\,\mathrm{d}x - 2\int_0^{\frac{\pi}{2}} \mathrm{d}x = 3 \times 1 - 2 \times \frac{\pi}{2} = 3 - \pi$$

例 6.1.3 估计定积分 $\int_{-1}^2 \mathrm{e}^{-x^2}\,\mathrm{d}x$ 的值．

解 由于函数 $f(x) = \mathrm{e}^{-x^2}$ 在积分区间 $[-1, 2]$ 上连续，$f'(x) = -2x\mathrm{e}^{-x^2}$，令 $f'(x) = 0$，得驻点 $x = 0$．比较 $f(x) = \mathrm{e}^{-x^2}$ 在驻点 $x = 0$，区间端点 $x = -1$，$x = 2$ 处的函数值，得函数的最小值和最大值分别是 $m = \mathrm{e}^{-4}$，$M = 1$，由积分估值定理有

$$\frac{3}{\mathrm{e}^4} \leqslant \int_{-1}^2 \mathrm{e}^{-x^2}\,\mathrm{d}x \leqslant 3$$

习题 6.1

1. 利用定积分的几何意义，求下列定积分

(1) $\int_0^2 2x\,\mathrm{d}x$； (2) $\int_0^2 \sqrt{4 - x^2}\,\mathrm{d}x$；

(3) $\int_{-\frac{\pi}{2}}^{\frac{3\pi}{2}} \cos x\,\mathrm{d}x$．

2. 不计算积分，比较下列定积分的大小

(1) $\int_1^2 \ln x\,\mathrm{d}x$ 与 $\int_1^2 (\ln x)^2\,\mathrm{d}x$； (2) $\int_0^{\frac{\pi}{2}} x\,\mathrm{d}x$ 与 $\int_0^{\frac{\pi}{2}} \sin x\,\mathrm{d}x$．

3. 估计下列定积分

(1) $\int_{\frac{\pi}{4}}^{\frac{5\pi}{4}} (1 + \sin^2 x)\,\mathrm{d}x$； (2) $\int_{\frac{1}{\sqrt{3}}}^{\sqrt{3}} x\arctan x\,\mathrm{d}x$．

6.2 微积分基本公式

按照定积分的定义计算定积分的值是十分麻烦的，有时甚至是不可能的，所以，需要寻找简便而有效的计算方法．

在 17 世纪末，牛顿和莱布尼兹各自独立地发现了积分和导数的互逆关系，并且在这样的基础上建立了牛顿-莱布尼兹公式．这个公式将定积分的计算问题转化为求原函数的问题，从而得到一种简便的、具有普遍意义的计算定积分的方法．由于牛顿-莱布尼兹公式在微分学与积分学之间搭起了一座桥梁，使得过去看来不相关的两个问题联系在一起，所以人们称这个公式为微积分基本公式．下面，我们将从讨论变上限定积分开始导出这个重要公式．

6.2.1 变上限定积分

设函数 $f(x)$ 在 $[a,b]$ 上连续，对任意的 $x \in [a,b]$，定积分 $\int_a^x f(t)\mathrm{d}t$ 都有一个确定的值与之对应，这个值随着积分上限 x 的变化而变化，这样便得到了一个定义在区间 $[a,b]$ 上的函数，记为 $\Phi(x)$，即

$$\Phi(x) = \int_a^x f(t)\mathrm{d}t \quad (a \leqslant x \leqslant b)$$

称为变上限函数或变上限定积分．

注意：变上限函数 $\Phi(x)$ 是 x 的函数，与积分变量选择 t 还是 u 无关．

变上限函数是表示函数关系的一种新的方法．它具有下列性质：

定理 6.2.1 如果函数 $f(x)$ 在 $[a,b]$ 上连续，则变上限函数 $\Phi(x)$ 在 $[a,b]$ 上可导，且

$$\Phi'(x) = \left[\int_a^x f(t)\mathrm{d}t\right]' = f(x), \, x \in [a,b]$$

即连续函数的变上限函数的导数就等于被积函数．联想到原函数的定义，就有：如果函数 $f(x)$ 在 $[a,b]$ 上连续，则变上限函数 $\Phi(x) = \int_a^x f(t)\mathrm{d}t$ 就是 $f(x)$ 在 $[a,b]$ 上的一个原函数．这样就证明了 5.1 节中的原函数存在定理．

例 6.2.1 求下列各式的导数．

(1) $\int_0^x \mathrm{e}^t \cos t\,\mathrm{d}t$；　　(2) $\int_x^0 \arctan(1 + t^2)\,\mathrm{d}t$；　　(3) $\int_0^{\sin x} \dfrac{t}{1 - t^2}\mathrm{d}t$.

解 (1) 由定理 1 有

$$\left(\int_0^x \mathrm{e}^t \cos t\,\mathrm{d}t\right)' = \mathrm{e}^x \cos x$$

(2) 由于 $\int_x^0 \arctan(1 + t^2)\,\mathrm{d}t$ 其下限是变量，需利用定积分的性质改成上

限是变量的积分：$\int_x^0 \arctan(1+t^2)\mathrm{d}t = -\int_0^x \arctan(1+t^2)\mathrm{d}t$，再由定理 6.2.1，可得

$$\left(\int_x^0 \arctan(1+t^2)\mathrm{d}t\right)' = -\left(\int_0^x \arctan(1+t^2)\mathrm{d}t\right)' = -\arctan(1+x^2)$$

（3）由于 $\int_0^{\sin x}\dfrac{t}{1-t^2}\mathrm{d}t$ 的上限是函数 $\sin x$，所以 $\int_0^{\sin x}\dfrac{t}{1-t^2}\mathrm{d}t$ 为 $\Phi(u)=$

$\int_0^u \dfrac{t}{1-t^2}\mathrm{d}t$ 与 $u=\sin x$ 复合而成的复合函数．根据复合函数求导法则，有

$$\frac{\mathrm{d}}{\mathrm{d}x}\int_0^{\sin x}\frac{t}{1-t^2}\mathrm{d}t = \frac{\mathrm{d}}{\mathrm{d}u}\int_0^u \frac{t}{1-t^2}\mathrm{d}t\cdot\frac{\mathrm{d}u}{\mathrm{d}x} = \frac{u}{1-u^2}(\sin x)' = \frac{\sin x}{1-\sin^2 x}\cos x = \tan x$$

一般地，利用复合函数求导法则可以得到

$$\left[\int_a^{\varphi(x)} f(t)\mathrm{d}t\right]' = f[\varphi(x)]\varphi'(x)$$

6.2.2 牛顿-莱布尼兹公式

定理 6.2.2 设 $f(x)$ 在区间 $[a,b]$ 上连续，$F(x)$ 是 $f(x)$ 在 $[a,b]$ 上的一个原函数，则

$$\int_a^b f(x)\mathrm{d}x = F(b)-F(a)$$

证明 因为函数 $f(x)$ 在区间 $[a,b]$ 上连续，则由定理 6.2.1 可知，变上限函数 $\Phi(x)=\int_a^x f(t)\mathrm{d}t$ 是 $f(x)$ 在 $[a,b]$ 上的一个原函数，已知 $F(x)$ 是 $f(x)$ 在 $[a,b]$ 上的一个原函数，由原函数的性质，得

$$F(x)-\Phi(x)=C \qquad (C\text{ 为常数})$$

即

$$F(x)=\int_a^x f(t)\mathrm{d}t + C$$

在上式中，令 $x=a$，得

$$F(a)=\int_a^a f(t)\mathrm{d}t + C = C$$

从而

$$F(x)=\int_a^x f(t)\mathrm{d}t + F(a)$$

令 $x=b$，得

$$F(b)=\int_a^b f(t)\mathrm{d}t + F(a)$$

即

$$\int_a^b f(t)\mathrm{d}t = F(b)-F(a)$$

由于定积分与积分变量无关，于是

$$\int_a^b f(x)\mathrm{d}x = F(b)-F(a)$$

第6章 定积分及其应用

111

上述公式称为牛顿-莱布尼兹（Newton–Leibniz）公式，也称为微积分基本公式. 它表明：计算定积分只要求出被积函数的一个原函数，再将上、下限分别代入求其差即可，这个公式为计算连续函数的定积分提供了简便有效的方法.

为了书写方便，通常可把牛顿-莱布尼兹公式写成

$$\int_a^b f(x)\,\mathrm{d}x = \big[F(x)\big]_a^b = F(x)\,\big|_a^b = F(b) - F(a)$$

例 6.2.2 计算 $\int_0^1 \dfrac{1}{1+x^2}\mathrm{d}x$.

解 因为 $\int \dfrac{1}{1+x^2}\mathrm{d}x = \arctan x + C$，即 $\arctan x$ 是 $\dfrac{1}{1+x^2}$ 的一个原函数，于是由牛顿-莱布尼兹公式，可得

$$\int_0^1 \frac{1}{1+x^2}\mathrm{d}x = \big[\arctan x\big]_0^1 = \arctan 1 - \arctan 0 = \frac{\pi}{4}$$

例 6.2.3 计算 $\int_{-2}^{-1} \dfrac{1}{x}\mathrm{d}x$.

解 因为 $\int \dfrac{1}{x}\mathrm{d}x = \ln|x| + C$，所以

$$\int_{-2}^{-1} \frac{1}{x}\mathrm{d}x = \big[\ln|x|\big]_{-2}^{-1} = \ln 1 - \ln 2 = -\ln 2$$

习题 6.2

1. 计算下列各导数

(1) $\dfrac{\mathrm{d}}{\mathrm{d}x}\int_0^x \sqrt{1+t}\,\mathrm{d}t = $ _____；

(2) $\dfrac{\mathrm{d}}{\mathrm{d}x}\int_0^{e^x} \cos(\ln t)\,\mathrm{d}t = $ _____；

(3) $\dfrac{\mathrm{d}}{\mathrm{d}x}\int_x^\pi \sqrt{t}\cos t\,\mathrm{d}t = $ _____；

(4) $\dfrac{\mathrm{d}}{\mathrm{d}x}\int_{x^2}^1 \dfrac{2t}{1+t}\,\mathrm{d}t = $ _____.

2. 计算下列各定积分

(1) $\int_0^1 (2e^x - 3x^2 + 1)\,\mathrm{d}x$；

(2) $\int_4^9 \dfrac{1-2\sqrt{x}}{\sqrt{x}}\,\mathrm{d}x$；

(3) $\int_0^{\frac{\pi}{4}} \tan^2 x\,\mathrm{d}x$；

(4) $\int_0^{\frac{\pi}{2}} \sin x\,\mathrm{d}x$.

3. 汽车以 36 km/h 速度行驶，到某处需要减速停车. 设汽车以等加速度 $a = 5\text{m/s}^2$ 刹车. 问从开始到停车，汽车行驶了多少距离？

6.3 定积分的计算方法

根据牛顿-莱布尼兹公式，可以将定积分的计算转化为不定积分. 与不定积分的基本积分法相对应，定积分也有换元积分法和分部积分法. 本小节讨论如何将这两种方法直接应用于定积分的计算.

6.3.1 换元积分法

定理 6.3.1 若 $f(u)$ 在 $[a,b]$ 上连续，且函数 $u=g(x)$ 在 $[\alpha,\beta]$ 上是单值的且有连续导数 $g'(x)$，当 x 在区间 $[\alpha,\beta]$ 上变化时，$u=g(x)$ 的值在 $[a,b]$ 上变化，且 $g(\alpha)=a$、$g(\beta)=b$，则有

$$\int_{\alpha}^{\beta} f[g(x)]g'(x)\mathrm{d}x = \int_{g(\alpha)}^{g(\beta)} f(u)\mathrm{d}u = \int_{a}^{b} f(u)\mathrm{d}u$$

上式称为定积分的换元公式.

注意：在利用公式做变量代换的同时，相应地代换积分的上、下限，换元之后求出原函数，而不用代回原积分变量，只需按新变量的积分上、下限应用牛顿–莱布尼兹公式计算即可.

例 6.3.1 计算 $\displaystyle\int_{0}^{4} \dfrac{1}{1+\sqrt{x}}\mathrm{d}x$.

解 令 $\sqrt{x}=t$，则 $x=t^2$，$\mathrm{d}x=2t\mathrm{d}t$，当 $x=0$ 时，$t=0$；当 $x=4$ 时，$t=2$，于是

$$\int_{0}^{4} \frac{1}{1+\sqrt{x}}\mathrm{d}x = \int_{0}^{2} \frac{1}{1+t}2t\mathrm{d}t = 2\int_{0}^{2} \frac{t}{1+t}\mathrm{d}t = 2\int_{0}^{2}\left(1-\frac{1}{1+t}\right)\mathrm{d}t$$

$$= 2\left[t-\ln(1+t)\right]_{0}^{2} = 2(2-\ln 3)$$

例 6.3.2 计算 $\displaystyle\int_{0}^{\ln 2} \sqrt{\mathrm{e}^x-1}\,\mathrm{d}x$.

解 令 $\sqrt{\mathrm{e}^x-1}=t$，则 $x=\ln(t^2+1)$，$\mathrm{d}x=\dfrac{2t}{t^2+1}\mathrm{d}t$，当 $x=0$ 时，$t=0$；当 $x=\ln 2$ 时，$t=1$，于是

$$\int_{0}^{\ln 2} \sqrt{\mathrm{e}^x-1}\,\mathrm{d}x = \int_{0}^{1} t\frac{2t}{t^2+1}\mathrm{d}t = 2\int_{0}^{1} \frac{t^2}{t^2+1}\mathrm{d}t$$

$$= 2\int_{0}^{1}\left(1-\frac{1}{1+t^2}\right)\mathrm{d}t = 2\left[t-\arctan t\right]_{0}^{1} = 2-\frac{\pi}{2}$$

例 6.3.3 设函数 $f(x)$ 在 $[-a,a]$ 连续，证明：

(1) 若 $f(x)$ 是偶函数，则 $\displaystyle\int_{-a}^{a} f(x)\mathrm{d}x = 2\int_{0}^{a} f(x)\mathrm{d}x$；

(2) 若 $f(x)$ 是奇函数，则 $\displaystyle\int_{-a}^{a} f(x)\mathrm{d}x = 0$.

证明：已知

$$\int_{-a}^{a} f(x)\mathrm{d}x = \int_{-a}^{0} f(x)\mathrm{d}x + \int_{0}^{a} f(x)\mathrm{d}x$$

在 $\displaystyle\int_{-a}^{0} f(x)\mathrm{d}x$ 中令 $x=-t$，则

$$\int_{-a}^{0} f(x)\mathrm{d}x = -\int_{a}^{0} f(-t)\mathrm{d}t = \int_{0}^{a} f(-t)\mathrm{d}t = \int_{0}^{a} f(-x)\mathrm{d}x$$

(1) $f(x)$ 为偶函数，则

$$f(-t)=f(t)$$

$$\int_{-a}^{a} f(x)\mathrm{d}x = \int_{-a}^{0} f(x)\mathrm{d}x + \int_{0}^{a} f(x)\mathrm{d}x = 2\int_{0}^{a} f(x)\mathrm{d}x$$

(2) $f(x)$ 为奇函数, 则

$$f(-t) = -f(t)$$

$$\int_{-a}^{a} f(x)\,\mathrm{d}x = \int_{-a}^{0} f(x)\,\mathrm{d}x + \int_{0}^{a} f(x)\,\mathrm{d}x = \int_{a}^{0} f(-x)\,\mathrm{d}x + \int_{0}^{a} f(x)\,\mathrm{d}x$$

$$= -\int_{0}^{a} f(x)\,\mathrm{d}x + \int_{0}^{a} f(x)\,\mathrm{d}x = 0$$

6.3.2 分部积分法

定理 6.3.2　设函数 $u(x)$、$v(x)$ 在区间 $[a,b]$ 上具有连续导数, 则有

$$\int_{a}^{b} u\,\mathrm{d}v = [uv]_{a}^{b} - \int_{a}^{b} v\,\mathrm{d}u$$

由于

$$(uv)' = u'v + uv',\ \int_{a}^{b} (uv)'\,\mathrm{d}x = [uv]_{a}^{b}$$

那么

$$[uv]_{a}^{b} = \int_{a}^{b} u'v\,\mathrm{d}x + \int_{a}^{b} uv'\,\mathrm{d}x$$

即

$$\int_{a}^{b} u\,\mathrm{d}v = [uv]_{a}^{b} - \int_{a}^{b} v\,\mathrm{d}u$$

例 6.3.4　计算 $\displaystyle\int_{1}^{e} x\ln x\,\mathrm{d}x$.

解　$\displaystyle\int_{1}^{e} x\ln x\,\mathrm{d}x = \frac{1}{2}\int_{1}^{e} \ln x\,\mathrm{d}x^2 = \frac{1}{2}[x^2\ln x]_{1}^{e} - \frac{1}{2}\int_{1}^{e} x^2\,\mathrm{d}\ln x$

$$= \frac{1}{2}e^2 - \frac{1}{2}\int_{1}^{e} x\,\mathrm{d}x = \frac{1}{2}e^2 - \frac{1}{4}[x^2]_{1}^{e} = \frac{1}{4}(e^2 + 1)$$

例 6.3.5　计算 $\displaystyle\int_{0}^{\frac{1}{2}} \arcsin x\,\mathrm{d}x$.

解　反三角函数的积分, 可利用分部积分公式直接进行计算, 也可以先换元, 再利用分部积分公式.

(1) 利用分部积分公式, 首先求不定积分:

令 $u = \arcsin x$, $\mathrm{d}v = \mathrm{d}x$, 则

$$\mathrm{d}u = \frac{\mathrm{d}x}{\sqrt{1-x^2}},\ v = x$$

$$\int_{0}^{\frac{1}{2}} \arcsin x\,\mathrm{d}x = [x\arcsin x]_{0}^{\frac{1}{2}} - \int_{0}^{\frac{1}{2}} \frac{x\,\mathrm{d}x}{\sqrt{1-x^2}}$$

$$= \frac{1}{2}\times\frac{\pi}{6} + \frac{1}{2}\int_{0}^{\frac{1}{2}} \frac{1}{\sqrt{1-x^2}}\,\mathrm{d}(1-x^2)$$

$$= \frac{\pi}{12} + [\sqrt{1-x^2}]_{0}^{\frac{1}{2}} = \frac{\pi}{12} + \frac{\sqrt{3}}{2} - 1$$

(2) 先换元，再利用分部积分公式：

令 $t = \arcsin x$，则 $x = \sin t$，当 $x = 0$ 时，$t = 0$；当 $x = \frac{1}{2}$ 时，$t = \frac{\pi}{6}$，于是

$$\int_0^{\frac{1}{2}} \arcsin x \, \mathrm{d}x = \int_0^{\frac{\pi}{6}} t \, \mathrm{d}\sin t = \left[t\sin t \right]_0^{\frac{\pi}{6}} - \int_0^{\frac{\pi}{6}} \sin t \, \mathrm{d}t$$

$$= \frac{\pi}{12} + \left[\cos t \right]_0^{\frac{\pi}{6}} = \frac{\pi}{12} + \frac{\sqrt{3}}{2} - 1$$

*6.3.3 定积分的近似计算

利用牛顿-莱布尼兹公式虽然可以精确地计算定积分的值，但它仅适用于被积函数的原函数能用初等函数表达出来的情形．如果这点办不到或者不容易办到，这就有必要考虑近似计算的方法．

1. 矩形法

用分点 $a = x_0$，x_1，$\cdots$，$x_n = b$ 将区间 $[a, b]$ n 等分，取小区间左端点的函数值 $y_i (i = 1, \cdots, n)$ 作为窄矩形的高，如图 6.7 所示，则有

$$\int_a^b f(x) \, \mathrm{d}x \approx \sum_{i=1}^{n} y_{i-1} \Delta x = \frac{b-a}{n} \sum_{i=1}^{n} y_{i-1} \tag{6.3.1}$$

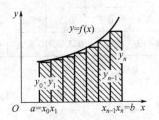

图 6.7

取小区间右端点的函数值 $y_i (i = 1, \cdots, n)$ 作为窄矩形的高，如图 6.8 所示，则有

$$\int_a^b f(x) \, \mathrm{d}x \approx \sum_{i=1}^{n} y_i \Delta x = \frac{b-a}{n} \sum_{i=1}^{n} y_i \tag{6.3.2}$$

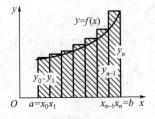

图 6.8

2. 梯形法

梯形法就是在每个小区间上，以窄梯形的面积近似代替窄曲边梯形的面积，如图 6.9 所示．

$$\int_a^b f(x)\,\mathrm{d}x \approx \frac{1}{2}(y_0 + y_1)\Delta x + \frac{1}{2}(y_1 + y_2)\Delta x + \cdots + \frac{1}{2}(y_{n-1} + y_n)\Delta x$$

$$(6.3.3)$$

$$= \frac{b-a}{n}\left[\frac{1}{2}(y_0 + y_n) + y_1 + y_2 + \cdots + y_{n-1}\right]$$

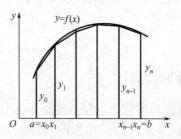

图 6.9

例 6.3.6 利用矩形法和梯形法计算 $\int_0^1 \mathrm{e}^{-x^2}\mathrm{d}x$ 的近似值.

解 把区间分成 10 等分，设分点为 $x_i(i=0,1,\cdots,10)$，相应的函数值为 $y_i = \mathrm{e}^{-x_i^2}(i=0,1,\cdots,10)$，列表 6-1 如下：

表 6-1

i	0	1	2	3	4	5	6	7	8	9	10
x_i	0	0.1	0.2	0.3	0.4	0.5	0.6	0.7	0.8	0.9	1
y_i	1.00000	0.99005	0.96079	0.91393	0.85214	0.77880	0.69768	0.61263	0.52729	0.44486	0.36788

利用矩形法公式(6.3.1)，得

$$\int_0^1 \mathrm{e}^{-x^2}\mathrm{d}x \approx (y_0 + y_1 + \cdots + y_9)\times\frac{1-0}{10} = 0.77782$$

利用矩形法公式(6.3.2)，得

$$\int_0^1 \mathrm{e}^{-x^2}\mathrm{d}x \approx (y_1 + y_2 + \cdots + y_{10})\times\frac{1-0}{10} = 0.71461$$

利用梯形法公式(6.3.3)，得

$$\int_0^1 \mathrm{e}^{-x^2}\mathrm{d}x \approx \frac{1-0}{10}\left[\frac{1}{2}(y_0 + y_{10}) + y_1 + y_2\cdots + y_9\right]$$

实际上是前面两值的平均值

$$\int_0^1 \mathrm{e}^{-x^2}\mathrm{d}x \approx \frac{1}{2}\times(0.77782 + 0.71461) = 0.74621$$

习题 6.3

1. 计算下列定积分

(1) $\int_1^{\mathrm{e}} \frac{\sqrt{\ln x}}{x}\mathrm{d}x$；

(2) $\int_0^2 \frac{x\,\mathrm{d}x}{1+x^2}$；

(3) $\int_{-1}^1 \frac{x}{\sqrt{5-4x}}\mathrm{d}x$；

(4) $\int_0^{\sqrt{2}} \sqrt{2-x^2}\,\mathrm{d}x$；

(5) $\displaystyle\int_0^{\frac{\pi}{2}} x^2 \sin x \mathrm{d}x$;   (6) $\displaystyle\int_0^{\frac{\pi}{2}} \mathrm{e}^{2x} \cos x \mathrm{d}x$;

*2. 用矩形法和梯形法近似计算 $\displaystyle\int_1^2 \dfrac{1}{x}\mathrm{d}x$ 以求 ln2 的近似值（取 $n = 10$，被积函数值取四位小数）.

*6.4 广 义 积 分

6.4.1 无穷限的广义积分

定义 6.4.1 设函数 $f(x)$ 在区间 $[a, +\infty)$ 上连续，取 $b > a$，如果极限 $\displaystyle\lim_{b\to+\infty}\int_a^b f(x)\mathrm{d}x$ 存在，则称此极限为函数 $f(x)$ 在无穷区间 $[a, +\infty)$ 上的**广义积分**，记作

$$\int_a^{+\infty} f(x)\mathrm{d}x = \lim_{b\to+\infty}\int_a^b f(x)\mathrm{d}x$$

当极限存在时，称广义积分**收敛**；当极限不存在时，称广义积分**发散**.

类似地，设函数 $f(x)$ 在区间 $(-\infty, b]$ 上连续，取 $a < b$，如果极限 $\displaystyle\lim_{a\to-\infty}\int_a^b f(x)\mathrm{d}x$ 存在，则称此极限为函数 $f(x)$ 在无穷区间 $(-\infty, b]$ 上的**广义积分**，记作

$$\int_{-\infty}^b f(x)\mathrm{d}x = \lim_{a\to-\infty}\int_a^b f(x)\mathrm{d}x$$

当极限存在时，称广义积分**收敛**；当极限不存在时，称广义积分**发散**.

设函数 $f(x)$ 在区间 $(-\infty, +\infty)$ 上连续，如果广义积分 $\displaystyle\int_{-\infty}^0 f(x)\mathrm{d}x$ 和 $\displaystyle\int_0^{+\infty} f(x)\mathrm{d}x$ 都收敛，则称上述两广义积分之和为函数 $f(x)$ 在无穷区间 $(-\infty, +\infty)$ 上的**广义积分**，记作

$$\int_{-\infty}^{+\infty} f(x)\mathrm{d}x = \int_{-\infty}^0 f(x)\mathrm{d}x + \int_0^{+\infty} f(x)\mathrm{d}x$$

$$= \lim_{a\to-\infty}\int_a^0 f(x)\mathrm{d}x + \lim_{b\to+\infty}\int_0^b f(x)\mathrm{d}x$$

两极限都存在称广义积分**收敛**；否则称广义积分**发散**.

例 6.4.1 计算广义积分 $\displaystyle\int_{-\infty}^{+\infty} \dfrac{\mathrm{d}x}{1 + x^2}$.

解 $\displaystyle\int_{-\infty}^{+\infty} \dfrac{\mathrm{d}x}{1 + x^2} = \int_{-\infty}^0 \dfrac{\mathrm{d}x}{1 + x^2} + \int_0^{+\infty} \dfrac{\mathrm{d}x}{1 + x^2}$

$$= \lim_{a\to-\infty}\int_a^0 \dfrac{1}{1 + x^2}\mathrm{d}x + \lim_{b\to+\infty}\int_0^b \dfrac{1}{1 + x^2}\mathrm{d}x$$

$$= \lim_{a\to-\infty}\left[\arctan x\right]_a^0 + \lim_{b\to+\infty}\left[\arctan x\right]_0^b$$

$$= -\lim_{a \to -\infty} \arctan a + \lim_{b \to +\infty} \arctan b$$

$$= -\left(-\frac{\pi}{2}\right) + \frac{\pi}{2} = \pi$$

计算广义积分时，为了书写方便，实际计算中常常略去极限符号，形式上直接利用牛顿–莱布尼兹公式的计算式.

设 $F(x)$ 是连续函数 $f(x)$ 的一个原函数，记 $F(+\infty) = \lim_{x \to +\infty} F(x)$，$F(-\infty) = \lim_{x \to -\infty} F(x)$，则

$$\int_a^{+\infty} f(x)\,\mathrm{d}x = F(x)\Big|_a^{+\infty} = F(+\infty) - F(a)$$

$$\int_{-\infty}^b f(x)\,\mathrm{d}x = F(x)\Big|_{-\infty}^b = F(b) - F(-\infty)$$

$$\int_{-\infty}^{+\infty} f(x)\,\mathrm{d}x = F(x)\Big|_{-\infty}^{+\infty} = F(+\infty) - F(-\infty)$$

例6.4.2 计算广义积分 $\int_{\frac{2}{\pi}}^{+\infty} \frac{1}{x^2} \sin \frac{1}{x}\,\mathrm{d}x$.

解 $\int_{\frac{2}{\pi}}^{+\infty} \frac{1}{x^2} \sin \frac{1}{x}\,\mathrm{d}x = -\int_{\frac{2}{\pi}}^{+\infty} \sin \frac{1}{x}\,\mathrm{d}\left(\frac{1}{x}\right) = \left[\cos \frac{1}{x}\right]_{\frac{2}{\pi}}^{+\infty} = 1$

例6.4.3 证明广义积分 $\int_1^{+\infty} \frac{1}{x^p}\,\mathrm{d}x$ 当 $p > 1$ 时收敛，当 $p \leqslant 1$ 时发散.

证明 (1) $p = 1$，$\int_1^{+\infty} \frac{1}{x^p}\,\mathrm{d}x = \int_1^{+\infty} \frac{1}{x}\,\mathrm{d}x = [\ln x]_1^{+\infty} = +\infty$

(2) $p > 1$，$\int_1^{+\infty} \frac{1}{x^p}\,\mathrm{d}x = \left[\frac{x^{1-p}}{1-p}\right]_1^{+\infty} = \frac{1}{p-1}$

(3) $p < 1$，$\int_1^{+\infty} \frac{1}{x^p}\,\mathrm{d}x = \left[\frac{x^{1-p}}{1-p}\right]_1^{+\infty} = +\infty$

因此，当 $p > 1$ 时广义积分收敛，其值为 $\frac{1}{p-1}$；当 $p \leqslant 1$ 时，广义积分发散.

6.4.2 无界函数的广义积分

定义6.4.2 设函数 $f(x)$ 在区间 $(a, b]$ 上连续，而在点 a 的右邻域内无界. 取 $\varepsilon > 0$，如果极限 $\lim_{\varepsilon \to 0^+} \int_{a+\varepsilon}^b f(x)\,\mathrm{d}x$ 存在，则称此极限为函数 $f(x)$ 在区间 $(a, b]$ 上的广义积分，记作

$$\int_a^b f(x)\,\mathrm{d}x = \lim_{\varepsilon \to 0^+} \int_{a+\varepsilon}^b f(x)\,\mathrm{d}x$$

当极限存在时，称广义积分收敛；当极限不存在时，称广义积分发散.

类似地，设函数 $f(x)$ 在区间 $[a, b)$ 上连续，而在点 b 的左邻域内无界. 取 $\varepsilon > 0$，如果极限 $\lim_{\varepsilon \to 0^+} \int_a^{b-\varepsilon} f(x)\,\mathrm{d}x$ 存在，则称此极限为函数 $f(x)$ 在区间 $[a, b)$ 上的广义积分，记作

$$\int_a^b f(x)\,\mathrm{d}x = \lim_{\varepsilon \to +0} \int_a^{-\varepsilon} f(x)\,\mathrm{d}x$$

当极限存在时，称广义积分收敛；当极限不存在时，称广义积分发散.

设函数 $f(x)$ 在区间 $[a,b]$ 上除点 $c(a < c < b)$ 外连续，而在点 c 的邻域内无界. 如果两个广义积分 $\int_a^c f(x)\,\mathrm{d}x$ 和 $\int_c^b f(x)\,\mathrm{d}x$ 都收敛，则定义

$$\int_a^b f(x)\,\mathrm{d}x = \int_a^c f(x)\,\mathrm{d}x + \int_c^b f(x)\,\mathrm{d}x = \lim_{\varepsilon \to 0^+} \int_a^{c-\varepsilon} f(x)\,\mathrm{d}x + \lim_{\varepsilon' \to 0^+} \int_{c+\varepsilon'}^b f(x)\,\mathrm{d}x$$

称广义积分 $\int_a^b f(x)\,\mathrm{d}x$ 是收敛的；否则，就称广义积分 $\int_a^b f(x)\,\mathrm{d}x$ 发散.

定义中 C 为**瑕点**，以上积分称为**瑕积分**.

例 6.4.5 计算广义积分 $\int_0^a \dfrac{\mathrm{d}x}{\sqrt{a^2 - x^2}}$ $(a > 0)$.

解 $\displaystyle\int_0^a \frac{\mathrm{d}x}{\sqrt{a^2 - x^2}} = \lim_{\varepsilon \to 0^+} \int_0^{a-\varepsilon} \frac{\mathrm{d}x}{\sqrt{a^2 - x^2}} = \lim_{\varepsilon \to 0^+} \left[\arcsin \frac{x}{a} \right]_0^{a-\varepsilon}$

$$= \lim_{\varepsilon \to 0^+} \left[\arcsin \frac{a - \varepsilon}{a} - 0 \right] = \frac{\pi}{2}$$

例 6.4.6 计算广义积分 $\int_1^2 \dfrac{\mathrm{d}x}{x\ln x}$.

解 因为

$\displaystyle\int_1^2 \frac{\mathrm{d}x}{x\ln x} = \lim_{\varepsilon \to 0^+} \int_{1+\varepsilon}^2 \frac{\mathrm{d}x}{x\ln x} = \lim_{\varepsilon \to 0^+} \int_{1+\varepsilon}^2 \frac{\mathrm{d}(\ln x)}{\ln x} = \lim_{\varepsilon \to 0^+} \left[\ln(\ln x) \right]_{1+\varepsilon}^2$

$\qquad\quad = \lim_{\varepsilon \to 0^+} \left\{ \ln(\ln 2) - \ln\left[\ln(1+\varepsilon)\right] \right\}$

$\qquad\quad = +\infty$

所以，原广义积分发散.

*习题 6.4

1. 判断下列广义积分是否收敛，如果收敛，计算下列广义积分

(1) $\displaystyle\int_1^{+\infty} \frac{1}{x^4}\,\mathrm{d}x$；

(2) $\displaystyle\int_0^1 \frac{x\,\mathrm{d}x}{\sqrt{1-x^2}}$；

(3) $\displaystyle\int_1^{+\infty} \frac{1}{\sqrt{x}}\,\mathrm{d}x$；

(4) $\displaystyle\int_{-\infty}^{+\infty} \frac{1}{x^2 + 2x + 2}\,\mathrm{d}x$.

6.5 定积分的应用

定积分的应用十分广泛，本节课介绍定积分在几何上及在物理学中的应用.

6.5.1 定积分的微元法

定积分的所有应用问题，都采用了"分割、取近似、求和、取极限"四个步骤建立所求量的积分式.

为了更好地说明这种方法，我们先来回顾前面学过的求曲边梯形面积的问题．

假设一曲边梯形由连续曲线 $y=f(x)$ 与三条直线 $x=a$，$x=b$，$y=0$ 所围成，试求其面积 A．

（1）**作分割**　在区间 $[a,b]$ 内任意插入 $n-1$ 个分点：

$$a=x_0<x_1<x_2<\cdots<x_{i-1}<x_i<\cdots<x_{n-1}<x_n=b$$

将区间 $[a,b]$ 分成 n 个小区间：

$$[x_0,x_1],\ [x_1,x_2],\ \cdots,\ [x_{i-1},x_i],\ \cdots,\ [x_{n-1},x_n]$$

第 i 个小区间的长度记为 $\Delta x_i=x_i-x_{i-1}$，$(i=1,2,\cdots,n)$．过每个分点作 x 轴的垂线，将曲边梯形分成 n 个小曲边梯形，第 i 个小曲边梯形的面积记为 ΔA_i．

（2）**取近似**　在每一个小区间 $[x_{i-1},x_i]$ 任取一点 $\xi_i(x_{i-1}\leqslant\xi_i\leqslant x_i)$ $(i=1,2,\cdots,n)$，以 Δx_i 为底、$f(\xi_i)$ 为高作小矩形，用小矩形面积 $f(\xi_i)\Delta x_i$ 近似代替第 i 个小曲边梯形面积 ΔA_i，即

$$\Delta A_i\approx f(\xi_i)\Delta x_i\quad(i=1,2,\cdots,n)$$

（3）**求和式**　将每个小区间上的小矩形面积加起来，得和式

$$\sum_{i=1}^{n}\Delta A_i\approx\sum_{i=1}^{n}f(\xi_i)\Delta x_i$$

此式就是曲边梯形面积 A 的近似值，即

$$A=\sum_{i=1}^{n}\Delta A_i\approx\sum_{i=1}^{n}f(\xi_i)\Delta x_i$$

（4）**取极限**　分割越细，上述和式的值越接近于曲边梯形的面积．于是，令

$$\lambda=\max\{\Delta x_1,\Delta x_2,\cdots,\Delta x_n\}$$

当 $\lambda\to 0$ 时，上述和式的极限就是曲边梯形的面积的精确值，即

$$A=\lim_{\lambda\to 0}\sum_{i=1}^{n}f(\xi_i)\Delta x_i$$

对上述过程，在实际应用中可略去其下标，改写如下．

（1）根据问题的具体情况，选取一个变量例如 x 为积分变量，并确定它的变化区间 $[a,b]$．

（2）设想把区间 $[a,b]$ 分成 n 个小区间，取其中任一小区间并记为 $[x,x+\mathrm{d}x]$，求出相应于这小区间的部分量 ΔU 的近似值．如果 ΔU 能近似地表示为 $[a,b]$ 上的一个连续函数在 x 处的值 $f(x)$ 与 $\mathrm{d}x$ 的乘积，就把 $f(x)\mathrm{d}x$ 称为量 U 的元素且记作 $\mathrm{d}U$，即 $\mathrm{d}U=f(x)\mathrm{d}x$．

（3）以所求量 U 的元素 $f(x)\mathrm{d}x$ 为被积表达式，在区间 $[a,b]$ 上做定积分，得 $U=\displaystyle\int_{a}^{b}f(x)\mathrm{d}x$，即为所求量 U 的积分表达式．

这个方法通常称为**微元法**．

6.5.2 平面图形的面积

（1）由定积分的几何意义可知，由曲线 $y = f(x)$，直线 $x = a$，$x = b$ 以及 x 轴所围成的曲边梯形的面积为

$$A = \int_a^b | f(x) | \, \mathrm{d}x$$

（2）由曲线 $y = f(x)$ 与 $y = g(x)$ 及直线 $x = a$，$x = b(a < b)$ 且 $f(x) \geqslant g(x)$ 所围成的平面图形［图 6.10(a)］面积为

$$A = \int_a^b [f(x) - g(x)] \mathrm{d}x$$

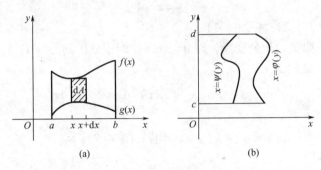

图 6.10

（3）类似地，由曲线 $x = \varphi(y)$，$x = \psi(y)$ 与直线 $y = c$，$y = d(c < d)$，且 $\varphi(y) \geqslant \psi(y)$ 所围成的平面图形［图 6.10(b)］面积为

$$A = \int_c^d (\varphi(y) - \psi(y)) \mathrm{d}y$$

例 6.5.1 计算由两条抛物线 $y^2 = x$ 和 $y = x^2$ 所围成的图形的面积.

解 如图 6.11 所示，两曲线的交点为 $(0,0)$ 和 $(1,1)$，选 x 为积分变量，$x \in [0, 1]$，面积元素

$$\mathrm{d}A = (\sqrt{x} - x^2) \mathrm{d}x$$

$$A = \int_0^1 (\sqrt{x} - x^2) \mathrm{d}x = \left[\frac{2}{3} x^{\frac{3}{2}} - \frac{x^3}{3} \right]_0^1 = \frac{1}{3}$$

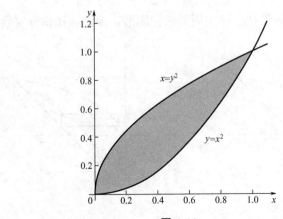

图 6.11

在计算平面图形面积时，通常按下列步骤进行：

（1）画出相关曲线的图形；

（2）求相关曲线的交点；

（3）选择相应的积分变量，写出面积微元 dA，用定积分表示平面图形的面积；

（4）计算定积分得所求平面图形的面积.

例 6.5.2 计算抛物线 $y^2 = 2x$ 与直线 $y = x - 4$ 所围成的图形面积.

解 （1）先画平面图形简图，如图 6.12 所示，解方程

$$\begin{cases} y^2 = 2x \\ y = x - 4 \end{cases}$$

得交点为（2，-2）和（8，4）.

解法 1 取 x 为积分变量，则 $0 \leqslant x \leqslant 8$，即积分区间为 $[0, 8]$，

当 $0 \leqslant x \leqslant 2$ 时，

$$dA = \left[\sqrt{2x} - (-\sqrt{2x}) \right] dx = 2\sqrt{2x}\, dx$$

当 $2 \leqslant x \leqslant 8$ 时，

$$dA = \left[\sqrt{2x} - (x - 4) \right] dx = (4 + \sqrt{2x} - x)\, dx$$

于是所求面积为

$$A = \int_0^2 2\sqrt{2x}\, dx + \int_2^8 (4 + \sqrt{2x} - x)\, dx$$

$$= \left[\frac{4\sqrt{2}}{3} x^{\frac{3}{2}} \right]_0^2 + \left[4x + \frac{2\sqrt{2}}{3} x^{\frac{3}{2}} - \frac{1}{2} x^2 \right]_2^8$$

$$= 18$$

解法 2 选取 y 为积分变量，则 $-2 \leqslant y \leqslant 4$，即积分区间为 $[-2, 4]$，如图 6.13 所示.

$$dA = \left[(y + 4) - \frac{1}{2} y^2 \right] dy$$

于是所求面积为

$$A = \int_{-2}^4 \left[(y + 4) - \frac{1}{2} y^2 \right] dy = \left[\frac{1}{2} y^2 + 4y - \frac{1}{6} y^3 \right]_{-2}^4 = 18$$

显然，解法 2 比较简捷，这表明要根据图形正确地选择积分变量.

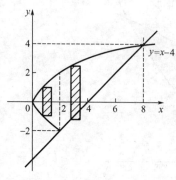

图 6.12

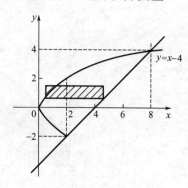

图 6.13

例 6.5.3 求椭圆 $\dfrac{x^2}{a^2} + \dfrac{y^2}{b^2} = 1$ 所围成的面积（$a>0$，$b>0$）.

解 据椭圆图形的对称性，整个椭圆面积应为位于第一象限内面积的 4 倍.

取 x 为积分变量，则 $0 \leqslant x \leqslant a$，$y = b\sqrt{1 - \dfrac{x^2}{a^2}}$，$\mathrm{d}A = y\mathrm{d}x = b\sqrt{1 - \dfrac{x^2}{a^2}}\mathrm{d}x$，如图 6.14 所示，故

$$A = 4\int_0^a \mathrm{d}A = 4\int_0^a y\mathrm{d}x = 4\int_0^a b\sqrt{1 - \dfrac{x^2}{a^2}}\mathrm{d}x$$

做变量替换

$$x = a\sin t \quad \left(0 \leqslant t \leqslant \dfrac{\pi}{2}\right)$$

则

$$y = b\sqrt{1 - \dfrac{x^2}{a^2}} = b\cos t$$

$$\mathrm{d}x = a\cos t\mathrm{d}t$$

$$A = 4\int_0^{\frac{\pi}{2}} b\cos t(a\cos t)\mathrm{d}t = 4ab\int_0^{\frac{\pi}{2}} \cos^2 t\mathrm{d}t$$

$$= 2ab\int_0^{\frac{\pi}{2}} (1 + \cos 2t)\mathrm{d}t$$

$$= 2ab\left[t + \dfrac{1}{2}\sin 2t\right]_0^{\frac{\pi}{2}} = \pi ab$$

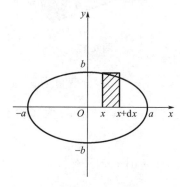

图 6.14

6.5.3 旋转体的体积

如图 6.15 所示，由连续曲线 $y = f(x)$，直线 $x = a$，$x = b$ 及 x 轴所围成的曲边梯形绕 x 轴旋转一周得到旋转体. 取积分变量为 x，$x \in [a, b]$，在 $[a, b]$ 上任取小区间 $[x, x + \mathrm{d}x]$，取以 $\mathrm{d}x$ 为底的小矩形绕 x 轴旋转而成的薄片的体积为体积元素，$\mathrm{d}V = \pi[f(x)]^2\mathrm{d}x$，旋转体的体积为

$$V = \int_a^b \pi[f(x)]^2\mathrm{d}x$$

同样地，可以得出：由曲线 $x = \varphi(y)$，直线 $y = c$，$y = d(c < d)$ 及 y 轴围成的曲边梯形，绕 y 轴旋转一周所成的旋转体，如图 6.16 所示，体积微元 $\mathrm{d}V = \pi[\varphi(y)]^2\mathrm{d}y$，所以，旋转体的体积为

$$V = \pi \int_c^d [\varphi(y)]^2 \mathrm{d}y$$

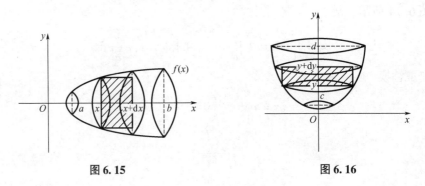

图 6.15   图 6.16

例 6.5.4 连接坐标原点 O 及点 $P(h, r)$ 的直线、直线 $x = h$ 及 x 轴围成一个直角三角形. 将它绕 x 轴旋转构成一个底半径为 r、高为 h 的圆锥体，计算圆锥体的体积(图 6.17).

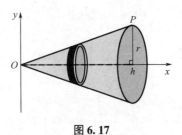

图 6.17

解 直线 OP 方程为 $y = \dfrac{r}{h}x$，取积分变量为 x，$x \in [0, h]$

在 $[a, b]$ 上任取小区间 $[x, x + \mathrm{d}x]$，以 $\mathrm{d}x$ 为底的小矩形绕 x 轴旋转而成的薄片的体积为

$$\mathrm{d}V = \pi\left(\frac{r}{h}x\right)\mathrm{d}x$$

圆锥体的体积

$$V = \int_0^h \pi\left(\frac{r}{h}x\right)^2 \mathrm{d}x = \frac{\pi r^2}{h^2}\left[\frac{x^3}{3}\right]_0^h = \frac{\pi h r^2}{3}$$

6.5.4 变力做功

例 6.5.5 一圆柱形蓄水池高为 5m，底半径为 3m，池内盛满了水. 问要把池内的水全部吸出，需做多少功？

解 如图 6.18 所示，取 x 为积分变量，$x \in [0, 5]$，取任一小区间 $[x, x + \mathrm{d}x]$，这一薄层水的重力为 $9.8\pi \times 3^2 \mathrm{d}x$，功元素为

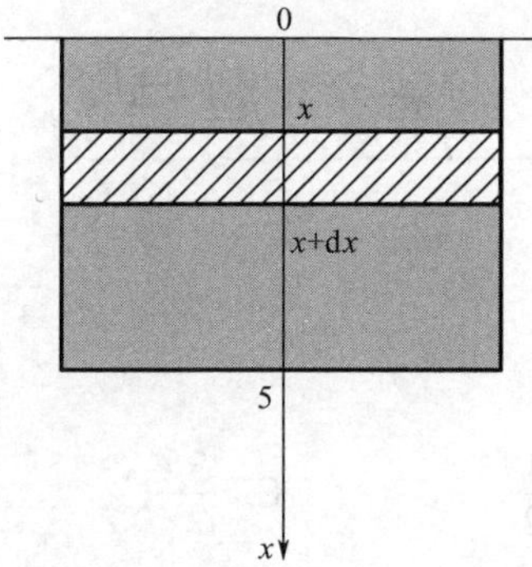

图 6.18

$$dw = 88.2\pi \cdot x \cdot dx$$

$$w = \int_0^5 88.2\pi x dx = 88.2\pi \left[\frac{x^2}{2}\right]_0^5 \approx 3462(\text{kJ})$$

例 6.5.6 设有一弹簧, 假定被压缩 0.5cm 时需用力 1N, 现弹簧在外力的作用下被压缩 3cm, 求外力所做的功.

解 根据胡克定理, 在一定的弹性范围内, 将弹簧拉伸 (或压缩) 所需的力 F 与伸长量 (压缩量) x 成正比, 即

$$F = kx \quad (k > 0 \text{ 为弹性系数})$$

按假设, 当 $x = 0.005$m 时, $F = 1$N, 代入上式, 得 $k = 200$N/m, 即有

$$F = 200x$$

所以取 x 为积分变量, x 的变化区间为 $[0, 0.03]$, 功微元为

$$dW = F(x)dx = 200x dx$$

于是弹簧被压缩了 3cm 时, 外力所做的功为

$$W = \int_0^{0.03} 200x dx = (100x^2)\Big|_0^{0.03} = 0.09(\text{J})$$

习题 6.5

1. 计算下列曲线所围成的平面图形的面积

(1) $y = 2x + 3$, $y = x^2$；   (2) $y = 4x^2$, $x = -1$, $x = 2$ 及 x 轴.

2. 求由 $y = x^3$, $x = 2$, $y = 0$ 所围成的图形, 分别绕 x 轴及 y 轴旋转所得的旋转体的体积.

3. 求下列已知曲线所围成的图形, 绕指定的轴旋转所得的旋转体的体积:

(1) $x^2 + (y - 5)^2 = 16$ 绕 x 轴；

(2) $y^2 = x$, $y = x^2$ 绕 y 轴.

4. 用铁锤将一铁钉击入木板, 设木板对铁钉的阻力与铁钉击入木板的深度成正比, 在击第一次时, 将铁钉击入木板 1cm. 如果铁锤每次打击铁钉所做的功相等, 问锤击第二次时, 铁钉又击入多少?

复习题六

1. 选择题

（1）$\int_0^3 |2 - x| \, \mathrm{d}x = (\quad)$.

A. $\dfrac{5}{2}$　　　　B. $\dfrac{1}{2}$　　　　C. $\dfrac{3}{2}$　　　　D. $\dfrac{2}{3}$

（2）$\int_1^0 f'(3x) \, \mathrm{d}x = (\quad)$.

A. $\dfrac{1}{3}[f(0) - f(3)]$　　　　　　B. $f(0) - f(3)$

C. $f(3) - f(0)$　　　　　　　　D. $\dfrac{1}{3}[f(3) - f(0)]$

（3）若 $f(x) = \begin{cases} x & x \geqslant 0 \\ \mathrm{e}^x & x < 0 \end{cases}$，则 $\int_{-1}^2 f(x) \, \mathrm{d}x = (\quad)$.

A. $3 - \mathrm{e}^{-1}$　　B. $3 + \mathrm{e}^{-1}$　　C. $3 - \mathrm{e}$　　D. $3 + \mathrm{e}$

（4）曲线 $y = \cos x$, $x \in \left[0, \dfrac{3}{2}\pi\right]$ 与坐标轴围成的面积（　　）.

A. 4　　　　B. 2　　　　C. $\dfrac{5}{2}$　　　　D. 3

（5）若 $m = \int_0^1 \mathrm{e}^x \, \mathrm{d}x$, $n = \int_1^{\mathrm{e}} \dfrac{1}{x} \, \mathrm{d}x$，则 m 与 n 的大小关系是（　　）.

A. $m > n$　　B. $m < n$　　C. $m = n$　　D. 无法确定

（6）积分中值定理 $\int_a^b f(x) \, \mathrm{d}x = f(\xi)(b - a)$，其中（　　）.

A. ξ 是 $[a, b]$ 内任一点

B. ξ 是 $[a, b]$ 内必定存在的某一点

C. ξ 是 $[a, b]$ 内唯一的某一点

D. ξ 是 $[a, b]$ 的中点

（7）设 $f(x)$ 连续，$F(x) = \int_0^{x^2} f(t^2) \, \mathrm{d}t$，则 $F'(x) = (\quad)$.

A. $f(x^4)$　　B. $x^2 f(x^4)$　　C. $2x f(x^4)$　　D. $2x f(x^2)$

（8）$\int_0^{+\infty} \mathrm{e}^{-x} \, \mathrm{d}x = (\quad)$.

A. 不收敛　　B. 1　　C. -1　　D. 0

2. 填空题

（1）根据定积分的几何意义，计算

$\int_{-1}^2 (2x + 3) \, \mathrm{d}x = $ _____；　　　$\int_0^2 \sqrt{4 - x^2} \, \mathrm{d}x = $ _____；

$\displaystyle\int_0^\pi \cos x\mathrm{d}x =$ _____ .

（2）设 $\displaystyle\int_{-1}^1 2f(x)\mathrm{d}x = 10$，则

$\displaystyle\int_{-1}^1 f(x)\mathrm{d}x =$ _____ ;　　　　　$\displaystyle\int_1^{-1} f(x)\mathrm{d}x =$ _____ ;

$\displaystyle\int_{-1}^1 \frac{1}{5}\big[2f(x) + 1\big]\mathrm{d}x =$ _____ .

（3） $\displaystyle\frac{\mathrm{d}}{\mathrm{d}x}\int_x^b \sin t^2\mathrm{d}t =$ _____ .

（4） $\displaystyle 2\int_{-2}^2 \sqrt{4 - x^2}\,\mathrm{d}x =$ _____ .

（5） $\displaystyle\int_a^x f'(t)\mathrm{d}t =$ _____ .

（6）已知 $\displaystyle\int f(x)\mathrm{d}x = \frac{x + 1}{x - 1} + C$ （C 为任意常数），则 $f(x) =$ _____ .

（7）设 $f(x)$ 连续，$f(0) = 1$，则曲线 $y = \displaystyle\int_0^x f(t)\mathrm{d}t$ 在 （0，0）处的切线方程是 _____ .

（8） $\displaystyle\int_0^{+\infty} x\mathrm{e}^{-x}\mathrm{d}x =$ _____ .

3. 判断题

（1）如果函数 $F(x)$ 是连续函数 $f(x)$ 在区间 $[a, b]$ 上的一个原函数，则 $\displaystyle\int_a^b f(x)\mathrm{d}x = F(b) - F(a)$.　　　　　　　　　　　　（　　）

（2） $\displaystyle\int_{-2}^{-1} \frac{1}{x}\mathrm{d}x = -\ln2$.　　　　　　　　　　　　　（　　）

（3）定积分 $\displaystyle\int_a^b f(x)\mathrm{d}x$ 是任意一个常数.　　　　　　　（　　）

（4） $\displaystyle\int_{-2}^2 \frac{1}{(x - 1)^2}\mathrm{d}x = 2\int_0^2 (x - 1)^{-2}\mathrm{d}x = \frac{2(x - 1)^{-1}}{-1}\bigg|_0^2 = -2 - 2 = -4$.

　　　　　　　　　　　　　　　　　　　　　　　　　　（　　）

（5） $\displaystyle\Big(\int_a^b f(x)\mathrm{d}x\Big)'_x = f(b)$.　　　　　　　　　　（　　）

（6） $\displaystyle\lim_{x\to 0}\frac{\displaystyle\int_0^x \sin t\mathrm{d}t}{x} = 1$.　　　　　　　　　　　　　（　　）

（7）由 x 轴，y 轴及 $y = (x - 1)^2$ 所围平面图形的面积为定积分 $\displaystyle\int_0^1 (x - 1)^2\mathrm{d}x$.

　　　　　　　　　　　　　　　　　　　　　　　　　　（　　）

（8）若 $\displaystyle\int_{-a}^a f(x)\mathrm{d}x = 0$，则 $f(x)$ 必为奇函数.　　　（　　）

4. 解答题

（1）计算 $\int_{-2}^{2}(\mid x\mid + x)e^{\mid x\mid}dx.$

（2）设 $f(x)$ 在 $[a,b]$ 上有连续导数，且 $f(a)=f(b)=0$，$\int_{a}^{b}f^{2}(x)dx=1$，求证 $\int_{a}^{b}xf(x)f'(x)dx=-\dfrac{1}{2}$.

（3）计算 $\int_{1}^{+\infty}\dfrac{dx}{x^{4}}$.

（4）已知 $f(0)=1$，$f(2)=3$，$f'(2)=5$，计算 $\int_{0}^{1}xf''(2x)dx.$

（5）抛物线 $y^{2}=2x$ 把图形 $x^{2}+y^{2}=8$ 分成两部分，求这两部分面积之比.

（6）半径为 r m 的半球形水池灌满了水，要把池内的水全部抽出需做多少功.

（7）有一弹簧，用 5N 的力可以把它拉长 0.01m，求把它拉长 0.1m，力所做的功.

（8）$\dfrac{x^{2}}{a^{2}}+\dfrac{y^{2}}{b^{2}}=1$ 绕 x 轴旋转所成旋转体的侧面积.

阅读与欣赏（六）

欧　拉

　　欧拉（1707—1783），瑞士数学家，13
岁进巴塞尔大学读书，得到著名数学家伯
努利的精心指导．欧拉是科学史上最多产
的一位杰出的数学家，他从 19 岁开始发表
论文，直到 76 岁，他那不倦的一生，共写
下了 886 本书籍和论文，其中在世时发表
了 700 多篇论文．彼得堡科学院为了整理
他的著作，整整用了 47 年．欧拉著作惊人
的高产并不是偶然的．他那顽强的毅力和
孜孜不倦的治学精神，可以使他在任何不
良的环境中工作，他常常抱着孩子在膝盖
上完成论文．即使在他双目失明后的 17 年间，也没有停止对数学的研究，口
述了好几本书和 400 余篇论文．当他写出了计算天王星轨道的计算要领后离
开了人世．

　　欧拉研究论著几乎涉及所有数学分支，对物理力学、天文学、弹道学、
航海学、建筑学、音乐都有研究，有许多公式、定理、解法、函数、方程、
常数等是以欧拉的名字命名的．欧拉写的数学教材在当时一直被当作标准教
程．19 世纪伟大的数学家高斯（Gauss，1777—1855）曾说过"研究欧拉的著
作永远是了解数学的最好方法"．欧拉还是数学符号发明者，他创设的许多
数学符号，例如 π、i、e、sin、cos、tan、Σ、$f(x)$ 等，至今沿用．欧拉不仅
解决了彗星轨迹的计算问题，还解决了使牛顿头痛的月地问题．对著名的
"哥尼斯堡七桥问题"的完美解答开创了"图论"的研究．欧拉发现，不论什
么形状的凸多面体，其顶点数 V、棱数 E、面数 F 之间总有关系 $V+F-E=2$，
此式称为欧拉公式．

　　欧拉对数学的研究如此广泛，因此在许多数学的分支中也经常可见到以
他的名字命名的重要常数、公式和定理．

第7章

常微分方程

本章目标 》

本章主要介绍常微分方程及其应用的相关知识. 通过本章的学习, 要求学生正确理解微分方程的基本概念; 掌握微分方程的基本理论和方法; 获得比较熟练的基本运算技巧; 对微分方程的定性理论有初步理解; 培养分析问题和解决问题的能力.

——————☆★☆——————

常微分方程有着深刻而生动的实际背景, 它从生产实践和科学技术中产生, 而又成为现代科学技术中分析解决问题的一个强有力的工具.

7.1 微分方程的基本概念

在许多实际问题中, 往往不能直接找出所需要的函数关系, 但是根据问题所提供的情况, 有时可以建立含有未知函数及其导数的方程式. 如果这些方程可以求解, 就可求得所求的函数关系了, 下面介绍几个例子.

引例 7.1.1 设某一曲线上任一点 $M(x,y)$ 处的切线的斜率为 $2x$, 且该曲线通过点 $(1,2)$, 求该曲线的方程.

解 设所求曲线的方程为 $y = y(x)$, 根据导数的几何意义, 可知

$$\frac{\mathrm{d}y}{\mathrm{d}x} = 2x \tag{7.1.1}$$

同时, 未知函数 $y = y(x)$ 还应满足下列条件:

$$y\big|_{x=1} = 2 \tag{7.1.2}$$

把式 (7.1.1) 两端积分, 得

$$y = \int 2x\mathrm{d}x$$

即

$$y = x^2 + C$$

其中，C 是任意常数.

把条件 $y|_{x=1} = 2$ 代入上式，得

$$C = 1$$

得所求曲线方程为

$$y = x^2 + 1$$

引例 7.1.2　列车在直线轨道上以 20m/s（相当于 72km/h）的速度行驶，当制动时列车获得加速度 -0.4m/s^2. 求列车的运动方程.

解　设列车的运动方程为 $s = s(t)$，由题意知应满足关系式

$$\frac{\mathrm{d}^2 s}{\mathrm{d}t^2} = -0.4 \qquad\qquad (7.1.3)$$

同时，未知函数 $s = s(t)$ 还应满足下列条件：

$$s|_{t=0} = 0,\ s'|_{t=0} = 20 \qquad\qquad (7.1.4)$$

把式 (7.1.3) 两端积分一次，得

$$v = \frac{\mathrm{d}s}{\mathrm{d}t} = -0.4t + C_1$$

把上式再积分一次，得

$$s = -0.2t^2 + C_1 t + C_2$$

这里 C_1, C_2 都是任意常数.

把条件 $v|_{t=0} = 20$ 代入得

$$C_1 = 20$$

把条件 $s|_{t=0} = 0$ 代入得

$$C_2 = 0$$

把 C_1，C_2 的值代入得

$$s = -0.2t^2 + 20t$$

两个引例的共同特征是：自变量都只有一个且都建立了一个含有未知函数导数的方程，然后通过求不定积分解方程，求出符合条件的未知函数，由此我们引入以下的定义.

含有未知函数及其导数（或微分）的方程称为**微分方程**. 未知函数是一元函数的微分方程称为**常微分方程**. 未知函数是多元函数的微分方程称为**偏微分方程**. 本章仅讨论常微分方程，以下简称为微分方程.

例如，引例 7.1.1 中 $\frac{\mathrm{d}y}{\mathrm{d}x} = 2x$ 和引例 7.1.2 中的 $\frac{\mathrm{d}^2 s}{\mathrm{d}t^2} = -0.4$ 都是常微分方程.

微分方程中未知函数的导数的最高阶数，称为**微分方程的阶**. 如 $\frac{\mathrm{d}y}{\mathrm{d}x} = 2x$ 是一阶微分方程，$\frac{\mathrm{d}^2 s}{\mathrm{d}t^2} = -0.4$ 是二阶微分方程.

一阶微分方程的一般形式可以表示为

$$F(x, y, y') = 0 \qquad (7.1.5)$$

当微分方程中所含的未知函数及其各阶导数全是一次幂时，微分方程就称为**线性微分方程**. 在线性微分方程中，若未知函数及其各阶导数的系数全是常数，则称这样的微分方程为**常系数线性微分方程**.

例如，$xy - 3y' = \sin x$ 为一阶线性微分方程，$3y'' + 2y' + y = x^2$ 为二阶常系数线性微分方程.

某个函数代入微分方程后，能成为自变量的恒等式，则称这个函数为该微分方程的一个**解**.

例 7.1.1 验证函数

$$y = C_1 \cos x + C_2 \sin x \qquad (C_1, C_2 \text{ 为任意常数})$$

为方程

$$y'' + y = 0$$

在 $(-\infty, +\infty)$ 上的解.

解 在 $(-\infty, +\infty)$ 上有

$$y' = -C_1 \sin x + C_2 \cos x$$
$$y'' = -(C_1 \cos x + C_2 \sin x)$$

所以在 $(-\infty, +\infty)$ 上有 $y'' + y = 0$，从而所给函数为方程的解.

而求微分方程的解就要求不定积分，因此得到的解中含有任意常数. 由例 7.1.1 可知，解中任意常数的个数与方程的阶数相等. 我们把 n 阶微分方程的含有 n 个相互独立的任意常数 $C_1, C_2, \cdots, C_n$ 的解称为**微分方程的通解**.

例如，$y = x^2 + C$、$s = -0.2t^2 + C_1 t + C_2$ 分别为微分方程 $\dfrac{dy}{dx} = 2x$ 和 $\dfrac{d^2 s}{dt^2} = -0.4$ 的通解.

通解表示满足微分方程的未知函数的一般形式；在大部分情况下，也表示了满足微分方程的全体解. 在几何上，通解的图像是一族曲线，称为**积分曲线族**.

微分方程中对未知函数的附加条件，若以限定未知函数及其各阶导数在某一个特定点的值的形式表示，则称这样的条件为微分方程的**初始条件**. 如在 $y|_{x=1} = 2$，$s|_{t=0} = 0$，$s'|_{t=0} = 20$，就是微分方程 $\dfrac{dy}{dx} = 2x$，$\dfrac{d^2 s}{dt^2} = -0.4$ 的初始条件.

一阶微分方程 (7.1.5) 的初始条件为

$$y(x_0) = y_0$$

求微分方程的满足初始条件的解的问题，称为**初值问题**. 一阶微分方程 (7.1.5) 的初值问题为

$$\begin{cases} F(x,y,y') = 0 \\ y(x_0) = y_0 \end{cases}$$

微分方程初始条件的作用是用来确定通解中任意常数. 不含任意常数的解称为**特解**. 如 $y = x^2 + 1$，$s = -0.2t^2 + 20t$ 依次是微分方程 $\dfrac{dy}{dx} = 2x$，$\dfrac{d^2s}{dt^2} = -0.4$ 满足初始条件 $y|_{x=1} = 2$，$s|_{t=0} = 0$，$s'|_{t=0} = 20$ 的特解.

特解表示了微分方程通解中一个满足初始条件的解，在几何上表示积分曲线族中一条特定的积分曲线.

例 7.1.2 求解初值问题

$$\begin{cases} y' = 2x \\ y(1) = 4 \end{cases}$$

解 前面已知函数 $y = x^2 + C$（C 为任意常数）是通解，为使这函数能满足初始条件 $y(1) = 4$，只需将它代入 $y = x^2 + C$，即有 $C = 3$，于是，$y = x^2 + 3$ 为所求初值问题的特解.

例 7.1.3 验证函数 $y = C_1 e^{2x} + C_2 e^{-2x}$（$C_1$，$C_2$ 为任意常数）是方程 $y'' - 4y = 0$ 的通解，并求满足初始条件 $y|_{x=0} = 0$、$y'|_{x=0} = 1$ 的特解.

解 $y' = 2C_1 e^{2x} - 2C_2 e^{-2x}$，$y'' = 4C_1 e^{2x} + 4C_2 e^{-2x}$

将 y，y'' 代入微分方程，得

$$y'' - 4y = 4(C_1 e^{2x} + C_2 e^{-2x}) - 4(C_1 e^{2x} + C_2 e^{-2x}) \equiv 0$$

所以，函数 $y = C_1 e^{2x} + C_2 e^{-2x}$ 是所给微分方程的解. 又因为 $\dfrac{e^{2x}}{e^{-2x}} = e^{4x} \neq$ 常数，所以解中含有两个独立的任意常数 C_1 和 C_2，而微分方程是二阶的，即任意常数的个数与方程的阶数相同，所以它是所给方程的通解.

将初始条件 $y|_{x=0} = 0$，$y'|_{x=0} = 1$ 分别代入 y 及 y' 中，得

$$\begin{cases} C_1 + C_2 = 0 \\ 2C_1 - 2C_2 = 1 \end{cases}$$

解得

$$C_1 = \frac{1}{4}, \qquad C_2 = -\frac{1}{4}$$

于是，所求微分方程的特解为

$$y = \frac{1}{4}(e^{2x} - e^{-2x})$$

什么是相互独立的任意常数？函数 $y = C_1 e^x + C_2 e^x$ 虽然是微分方程 $y'' - 3y' + 2y = 0$ 的解，但这时的 C_1，C_2 就不是两个任意常数，因为 $y = (C_1 + C_2)e^x = Ce^x$，像这种能合并成一个的任意常数只能算一个任意常数.

一般地，当函数 y_1，y_2 之比恒为常数时，函数 $y = C_1 y_1 + C_2 y_2$ 中的两个任意常数 C_1，C_2 就不是相互独立的；当函数 y_1，y_2 之比不恒为常数时，函数

$y = C_1y_1 + C_2y_2$ 中的两个任意常数 C_1，C_2 就是相互独立的，即不能合并为一个任意常数．

习题 7.1

1. 指出下列方程中哪些是微分方程？哪些是线性微分方程？哪些是常系数线性微分方程？并说明它们的阶数．

（1）$\dfrac{\mathrm{d}^2 y}{\mathrm{d}x^2} - y = 2x$；　　　　　　　　（2）$y^2 - 3y + x = 0$；

（3）$xy''' + 2y'' + xy = 0$；　　　　　　（4）$y^2\,\mathrm{d}x + 5x^2\,\mathrm{d}y = 0$.

2. 判断下列方程右边所给函数是否为该方程的解？如果是解，是通解还是特解？

（1）$y'' + y = 0$，$y = C_1\sin x - C_2\cos x$（$C_1$，$C_2$ 为任意常数）；

（2）$xy' = 2y$，$y = 5x^2$.

（3）$5y' = 3x^2 + 5x$，$y = \dfrac{x^3}{5} + \dfrac{x^2}{2} + C$.

（4）$y'' = x^2 + y^2$，$y = \dfrac{1}{x}$.

7.2　一阶微分方程

一阶微分方程的形式很多，本节主要研究可分离变量的一阶微分方程、一阶线性微分方程．

7.2.1　可分离变量的微分方程

定义 7.2.1　形如

$$\frac{\mathrm{d}y}{\mathrm{d}x} = f(x)g(y) \tag{7.2.1}$$

的微分方程，称为可分离变量的一阶微分方程，简称可分离变量的微分方程．

当 $g(y) \neq 0$ 时，可分离变量的微分方程的解法如下：

（1）对原方程分离变量，化成 $\dfrac{1}{g(y)}\mathrm{d}y = f(x)\,\mathrm{d}x$；

（2）对方程两边同时求不定积分，即

$$\int \frac{1}{g(y)}\mathrm{d}y = \int f(x)\,\mathrm{d}x + C$$

（3）计算不定积分，并设 $G(y)$，$F(x)$ 分别为 $\dfrac{1}{g(y)}$，$f(x)$ 的一个原函数，则有

$$G(y) = F(x) + C \tag{7.2.2}$$

则函数(7.2.2)与 $g(y)=0$ 的并集就是可分离变量的一阶微分方程(7.2.1)的通解.

例 7.2.1 求微分方程 $\dfrac{\mathrm{d}y}{\mathrm{d}x}=\dfrac{y}{x}$ 的通解.

解 当 $y\neq0$ 时,分离变量,得

$$\frac{\mathrm{d}y}{y}=\frac{\mathrm{d}x}{x}$$

两边积分,得

$$\int\frac{\mathrm{d}y}{y}=\int\frac{1}{x}\mathrm{d}x+C_1$$

计算不定积分,得

$$\ln|y|=\ln|x|+C_1$$

即

$$y=\pm\mathrm{e}^{\ln|x|+C_1}=\pm\mathrm{e}^{C_1}x$$

因为 C_1 为任意常数,所以 $\pm\mathrm{e}^{C_1}$ 也是任意常数,把它记作 C,代入后得微分方程的通解为

$$y=Cx \quad (C\neq0)$$

注意:关于任意常数也可按照以下方法处理.

计算不定积分,得

$$\ln y=\ln x+\ln C$$

即

$$y=Cx \ (C\neq0)$$

另外,可知 $y=0$ 也是方程的解. 所以,在通解 $y=Cx$ 中,任意常数 C 可以取到零.

例 7.2.2 求微分方程 $y(1+x^2)\mathrm{d}y+x(1+y^2)\mathrm{d}x=0$ 满足条件 $y\big|_{x=1}=1$ 的特解.

解 分离变量,得

$$\frac{y\mathrm{d}y}{1+y^2}=-\frac{x\mathrm{d}x}{1+x^2}$$

两边积分,得

$$\int\frac{y\mathrm{d}y}{1+y^2}=-\int\frac{x\mathrm{d}x}{1+x^2}+\frac{1}{2}\ln C$$

即

$$\frac{1}{2}\ln(1+y^2)=-\frac{1}{2}\ln(1+x^2)+\frac{1}{2}\ln C$$

故方程的通解为

$$(1+x^2)(1+y^2)=C$$

将初始条件 $y\big|_{x=1}=1$ 代入通解表达式,得

$$C=4$$

因此,微分方程的特解为

$$(1+x^2)(1+y^2)=4$$

例 **7.2.3** 求微分方程 $y' + xy^2 = 0$ 的通解，并求满足初始条件 $y(0) = 2$ 的特解.

解 将方程变形为

$$\frac{\mathrm{d}y}{\mathrm{d}x} = -xy^2$$

当 $y \neq 0$ 时，分离变量得

$$\frac{\mathrm{d}y}{y^2} = -x\mathrm{d}x$$

两边求不定积分得

$$-\frac{1}{y} = -\frac{1}{2}x^2 + C_1$$

所以

$$y = \frac{1}{\frac{1}{2}x^2 - C_1} = \frac{2}{x^2 - 2C_1} = \frac{2}{x^2 + C} \quad (C = -2C_1)$$

故方程的通解为

$$y = \frac{2}{x^2 + C} \quad (C \text{ 为任意常数})$$

由初始条件 $y(0) = 2$，得 $2 = \dfrac{2}{0^2 + C}$，故 $C = 1$，所以特解为 $y = \dfrac{2}{x^2 + 1}$.

另外，$y = 0$ 显然也是原方程的解，但它没有被包含在通解中，这种解称为**奇解**，我们不加考虑.

7.2.2 一阶线性微分方程

定义 7.2.2 一般形式为

$$y' + P(x)y = Q(x)$$

的微分方程称为**一阶线性微分方程**，当不含未知函数的项 $Q(x) \not\equiv 0$ 时，称方程为**一阶线性非齐次微分方程**；当 $Q(x) \equiv 0$ 时，方程 $y' + P(x)y = 0$ 称为 $y' + P(x)y = Q(x)$ 的**一阶线性齐次微分方程**.

1. 一阶线性齐次微分方程的解法

一阶线性齐次微分方程

$$y' + P(x)y = 0$$

当 $y \neq 0$ 时，分离变量后，得

$$\frac{\mathrm{d}y}{y} = -P(x)\mathrm{d}x$$

两边积分，得

$$\ln y = -\int P(x)\mathrm{d}x + \ln C$$

式中，$\int P(x)\mathrm{d}x$ 表示 $P(x)$ 的一个原函数，求得

$$y = Ce^{-\int P(x)\mathrm{d}x} \qquad (7.2.3)$$

其中，C 为任意常数.

当 $y = 0$ 时，可验证也是方程的解，但 $y = 0$ 包含在式(7.2.3)中．综上所述方程的通解为

$$y = Ce^{-\int P(x)dx}$$

例 7.2.4 求解微分方程 $\dfrac{dy}{dx} = 2xy$.

解法 1 这是一个可分离变量的微分方程．

当 $y \neq 0$ 时，分离变量得

$$\frac{dy}{y} = 2xdx$$

两边积分

$$\int \frac{dy}{y} = \int 2xdx + C_1$$

求积分得

$$\ln y = x^2 + C_1 \quad (C_1 \text{ 为任意常数})$$

即

$$y = e^{C_1}e^{x^2}$$

也即

$$y = e^{C_1}e^{x^2} \quad \text{或} \quad y = Ce^{x^2}$$

其中 $C = e^{C_1}$ 是非零的任意常数。

显然当 $y = 0$ 时也是原方程的解，只要允许 $C = 0$，那么此解就可以包含在 $y = Ce^{x^2}$ 中．因此原方程的通解为

$$y = Ce^{x^2} \quad (C \text{ 为任意常数})$$

解法 2 该微分方程为一阶线性齐次微分方程，知 $P(x) = -2x$，代入公式(7.2.3) 得通解为

$$y = Ce^{-\int -2xdx} = Ce^{x^2} \quad (C \text{ 为任意常数})$$

2. 一阶线性非齐次微分方程的解法

比较一阶线性齐次和非齐次微分方程，一阶线性非齐次微分方程右端是一个函数，根据函数的求导特点，试设线性非齐次微分方程 $y' + P(x)y = Q(x)$ 的解为

$$y = C(x)e^{-\int P(x)dx}$$

就是把线性齐次微分方程的通解中的任意常数 C 改变为 x 的待定函数 $C(x)$，然后求出 $C(x)$，使之满足线性非齐次方程 $y' + P(x)y = Q(x)$．

对 $y = C(x)e^{-\int P(x)dx}$ 求导，得

$$y' = C'(x)e^{-\int P(x)dx} + C(x)[-P(x)]e^{-\int P(x)dx}$$

将 y、y' 代入原微分方程，经整理后，得

$$C'(x) = Q(x)e^{-\int P(x)dx}$$

两边积分，得

$$C(x) = \int Q(x) e^{\int P(x)dx} dx + C$$

所以，一阶线性非齐次微分方程 $y' + P(x)y = Q(x)$ 的通解公式为

$$y = e^{-\int P(x)dx} \left[\int Q(x) e^{\int P(x)dx} dx + C \right] \quad (C\text{ 为任意常数}) \qquad (7.2.4)$$

上述通过把对应的线性齐次微分方程的通解中的任意常数 C 改变为待定函数 $C(x)$，然后求出非齐次线性方程通解的方法，称为**常数变易法**.

显然，一阶线性非齐次微分方程 $y' + P(x)y = Q(x)$ 也可直接使用**通解公式**

$$y = e^{-\int P(x)dx} \left[\int Q(x) e^{\int P(x)dx} dx + C \right]$$

求解，直接用通解公式求解的方法称为**公式法**.

例 7.2.5 求解

$$\frac{dy}{dx} = \frac{2}{x}y + \frac{1}{2}x$$

解 原方程可化为

$$y' - \frac{2}{x}y = \frac{1}{2}x$$

所以，原方程是一阶线性非齐次方程，且

$$P(x) = -\frac{2}{x}, \ Q(x) = \frac{1}{2}x$$

方法 1（常数变易法）

（1）先求对应齐次微分方程的通解，有

$$y' - \frac{2}{x}y = 0$$

分离变量，得

$$\frac{1}{y}dy = \frac{2}{x}dx$$

两边积分得

$$\ln y = \ln x^2 + \ln C$$

所以，线性齐次微分方程的通解为

$$y = Cx^2$$

（2）求线性非齐次微分方程的通解：

设 $y = C(x)x^2$ 为线性非齐次微分方程的通解，则有

$$y' = C'(x)x^2 + C(x)(x^2)' = C'(x)x^2 + 2xC(x)$$

将 y、y' 代入原方程，得

$$C'(x)x^2 + 2xC(x) - \frac{2}{x}C(x)x^2 = \frac{1}{2}x$$

整理，得

$$C'(x) = \frac{1}{2x}$$

两边求不定积分，有

$$C(x) = \frac{1}{2}\ln x + C$$

所以，原方程的通解为

$$y = x^2\left(\frac{1}{2}\ln x + C\right)$$

方法2(公式法)

将 $P(x) = -\frac{2}{x}$, $Q(x) = \frac{1}{2}x$ 代入通解公式(7.2.4)，有

$$y = e^{\int \frac{2}{x}dx}\left[\int \frac{1}{2}x e^{-\int \frac{2}{x}dx}dx + C\right]$$

$$= e^{\ln x^2}\left[\int \frac{1}{2x}dx + C\right]$$

$$= x^2\left(\frac{1}{2}\ln x + C\right)$$

例 7.2.6 求方程 $(1+x^2)y' - 2xy = (1+x^2)^2$ 的通解.

解 原方程可化为

$$y' - \frac{2x}{1+x^2}y = 1 + x^2$$

所以，原方程是一阶线性非齐次方程，且

$$P(x) = -\frac{2x}{1+x^2}, Q(x) = 1 + x^2$$

将 $P(x) = -\frac{2x}{1+x^2}$, $Q(x) = 1+x^2$ 代入通解公式，有

$$y = e^{\int \frac{2x}{1+x^2}dx}\left[\int (1+x^2)e^{-\int \frac{2x}{1+x^2}dx}dx + C\right]$$

$$= e^{\ln(1+x^2)}\left[\int \frac{(1+x^2)}{(1+x^2)}dx + C\right]$$

$$= (x + C)(1 + x^2)$$

有时方程不是关于未知函数 y, y' 的一阶线性微分方程，若把 x 看成 y 的未知函数 $x = x(y)$，方程成为关于未知函数 $x(y)$, $x'(y)$ 的一阶线性微分方程

$$\frac{dx}{dy} - P(y)x = Q(y)$$

这时也可以利用上述方法求解，得到通解的形式为

$$x = e^{-\int P(y)dy}\left[\int Q(y)e^{\int P(y)dy}dy + C\right]$$

例 7.2.7 求微分方程 $y' + y\cos x = e^{-\sin x}$ 满足条件 $y(0)=1$ 的特解.

解 原方程中

$$P(x) = \cos x, Q(x) = e^{-\sin x}$$

通解为

$$y = e^{-\int \cos x dx} \left[\int e^{-\sin x} e^{\int \cos x dx} dx + C \right]$$

$$= e^{-\sin x} \left[\int dx + C \right] = (x + C) e^{-\sin x}$$

将初始条件 $y(0) = 1$ 代入上式，得

$$C = 1$$

所以，方程的特解为

$$y = (x + 1) e^{-\sin x}$$

习题 7.2

1. 判别下列一阶微分方程中，哪些是可分离变量？哪些是线性方程类型的？

(1) $x dy + y^2 \sin x dx = 0$；

(2) $\dfrac{dy}{dx} = k(x - a)(b - y)$；

(3) $\dfrac{dy}{dx} + \dfrac{y}{x} = e$；

(4) $(x + 1)y' - 3y = e^x (1 + x)^4$；

2. 求解下列微分方程

(1) $y' = \dfrac{y}{x}$；

(2) $y' = \dfrac{y}{\sqrt{1 - x^2}}$；

(3) $xy' = y \ln y$；

(4) $\dfrac{dy}{dx} = e^{x+y}$，$y|_{x=0} = 0$；

(5) $\dfrac{dy}{dx} + 3y = 2x$；

(6) $xy' + y = e^x$，$y|_{x=1} = 0$；

(7) $y' - \dfrac{1}{x}y = 1$，$y(1) = 0$；

(8) $y' + 2xy - xe^{-x^2} = 0$.

7.3　可降阶的高阶微分方程

本节我们研究三种可降阶的二阶微分方程的求解.

7.3.1　$y'' = f(x)$ 型的微分方程

对此类方程只需通过两次积分就可得到其通解.

例 7.3.1　求方程 $y'' = \cos x$ 的通解.

解　因为 $y'' = \cos x$，所以

$$y' = \int \cos x dx = \sin x + C_1$$

$$y = \int (\sin x + C_1) dx = -\cos x + C_1 x + C_2$$

即为原方程的通解.

7.3.2 $y'' = f(x, y')$ 型的微分方程

此类方程的特点是：方程右端不含未知函数 y，可用换元法求解. 令 $y' = p(x)$，则 $y'' = p'(x)$，代入方程得 $p' = f(x, p)$. 这是一个关于自变量和未知函数的一阶微分方程，若可以求出其通解 $p = \varphi(x, C_1)$，则 $y' = \varphi(x, C_1)$，再积分一次就能得到原方程的通解.

例 7.3.2 求方程 $2xy'y'' = 1 + (y')^2$ 的通解.

解 令 $y' = p(x)$，则 $y'' = p'(x)$，将其代入所给方程，得

$$2xpp' = 1 + p^2$$

分离变量得

$$\frac{2p\mathrm{d}p}{1 + p^2} = \frac{\mathrm{d}x}{x}$$

积分得

$$\ln(1 + p^2) = \ln x + \ln C_1$$

即

$$1 + p^2 = C_1 x$$

故

$$y' = p = \pm\sqrt{C_1 x - 1}$$

所以

$$y = \pm\int\sqrt{C_1 x - 1}\,\mathrm{d}x = \pm\frac{2}{3C_1}(C_1 x - 1)^{\frac{3}{2}} + C_2$$

7.3.3 $y'' = f(y, y')$ 型的微分方程

此类方程的特点是右端不显含自变量 x，可令 $y' = p(y)$，则

$$y'' = \frac{\mathrm{d}y'}{\mathrm{d}x} = \frac{\mathrm{d}p(y)}{\mathrm{d}y}\frac{\mathrm{d}y}{\mathrm{d}x} = \frac{\mathrm{d}p}{\mathrm{d}y}p$$

于是方程 $y'' = f(y, y')$ 化为

$$p\frac{\mathrm{d}p}{\mathrm{d}y} = f(y, p)$$

这是关于 y 和 p 的一阶微分方程，若能求出其解 $p = \varphi(y, C_1)$，则由 $\frac{\mathrm{d}y}{\mathrm{d}x} = \varphi(y, C_1)$ 用分离变量法可求出原方程的解.

例 7.3.3 求方程 $yy'' - (y')^2 = 0$ 的通解.

解 令 $y' = p(y)$，则 $y'' = \frac{\mathrm{d}p}{\mathrm{d}y}p$，代入原方程得

$$yp\frac{\mathrm{d}p}{\mathrm{d}y} - p^2 = 0$$

当 $p \neq 0$ 时，即

$$y\frac{\mathrm{d}p}{\mathrm{d}y} = p$$

分离变量得

$$\frac{\mathrm{d}p}{p} = \frac{\mathrm{d}y}{y}$$

积分得

$$y' = p = C_1 y$$

当 $p=0$ 时，可验证也是方程的解，但 $p=0$ 包含在上述解中.

再用分离变量法求得

$$y = C_2 \mathrm{e}^{C_1 x}$$

习题 7.3

1. 求下列二阶微分方程的通解或满足初始条件的特解

(1) $y'' + \mathrm{e}^{2x} = 0$；

(2) $y'' = y' + x$；

(3) $y'' + \dfrac{2}{x+1} y' = 0$，$y(0) = 2$，$y'(0) = -1$.

7.4 二阶常系数线性微分方程

本节研究二阶常系数线性微分方程的求解方法.

7.4.1 二阶常系数线性微分方程的概念及解的性质

定义 7.4.1 形如

$$y'' + py' + qy = f(x) \tag{7.4.1}$$

的微分方程称为二阶常系数线性微分方程. 其中 p，q 为与 x，y 无关的常数, 当 $f(x) \neq 0$ 时，称方程为二阶常系数非齐次线性微分方程，当 $f(x) \equiv 0$ 时，称方程

$$y'' + py' + qy = 0 \tag{7.4.2}$$

为方程(7.4.1) 对应的二阶常系数齐次线性微分方程.

二阶常系数微分方程的求解要先引进如下的定义和结论:

定义 7.4.2 设两个不恒为零函数 $y_1(x)$ 和 $y_2(x)$ 在区间 (a,b) 内有定义, 若存在两个不同时为零的常数 C_1, C_2，使 $C_1 y_1 + C_2 y_2 \equiv 0$ 在 (a,b) 内成立，则称 $y_1(x)$ 和 $y_2(x)$ 在区间 (a,b) 内线性相关，否则称为线性无关. 即，若 $\dfrac{y_1(x)}{y_2(x)} \equiv$ 常数，则 $y_1(x)$ 和 $y_2(x)$ 线性相关; 若 $\dfrac{y_1(x)}{y_2(x)} \neq$ 常数，则 $y_1(x)$ 和 $y_2(x)$ 线性无关.

例如，$y_1(x) = \sin 2x$，$y_2(x) = \sin x \cos x$，因为 $\dfrac{y_1(x)}{y_2(x)} = \dfrac{\sin 2x}{\sin x \cos x} = 2$，所以 $y_1(x)$ 和 $y_2(x)$ 线性相关.

高职实用数学

再如，$y_1(x) = e^x$，$y_2(x) = e^{2x}$，因为 $\dfrac{y_1(x)}{y_2(x)} = \dfrac{e^x}{e^{2x}} \neq$ 常数，所以 $y_1(x)$ 和 $y_2(x)$ 线性无关．

定理 7.4.1（齐次线性方程解的叠加原理） 若 y_1, y_2 是齐次线性方程的两个特解，则 $y = C_1 y_1 + C_2 y_2$ 也是齐次线性方程的解（C_1，C_2 是任意常数）；特别，当 y_1，y_2 线性无关时，$y = C_1 y_1 + C_2 y_2$ 就是齐次线性方程的通解．

例如，容易验证 $y_1(x) = e^x$，$y_2(x) = e^{-x}$ 是二阶齐次线性微分方程 $y'' - y = 0$ 的解，且 $\dfrac{y_1(x)}{y_2(x)} = \dfrac{e^x}{e^{-x}} = e^{2x} \neq$ 常数．因此 $y_1(x) = e^x$，$y_2(x) = e^{-x}$ 线性无关，所以该方程的通解为

$$y = C_1 e^x + C_2 e^{-x}$$

定理 7.4.2（非齐次线性方程通解的结构） 若 y^* 为非齐次线性方程的特解，y_c 为它所对应的齐次线性方程的通解，则 $y = y^* + y_c$ 为非齐次线性方程的通解．

注：要求非齐次线性方程通解，要先求齐次线性方程的通解 y，以及非齐次线性方程的任意一个特解 y^*，通解为 $y = y^* + y$．

例如，方程 $y'' - y' = 2x$ 是二阶常系数线性非齐次微分方程，$y(x) = C_1 + C_2 e^x$（C_1，C_2 为任意常数）为与其相对应的齐次线性的通解；又容易验证 $y^*(x) = -x^2 - 2x$ 为非齐次线性方程 $y'' - y' = 2x$ 的一个特解，因此 $y'' - y' = 2x$ 的通解是 $y = y^* + y = C_1 + C_2 e^x - x^2 - 2x$．

7.4.2 二阶常系数齐次线性微分方程的解法

由定理 7.4.1 可知要求方程 (7.4.2) 的通解，可先求两个线性无关的特解，再写出通解．

从方程 (7.4.2) 的结构可知，它的解具有这样的特点：未知函数 y，未知函数的一阶导数 y' 与二阶导数 y'' 只相差一个常数因子．也就是说方程中的 y，y'，y'' 应具有相同的形式．而函数 $y = e^{rx}$ 具有这样的特点，因此可设想方程以 $y = e^{rx}$ 形式的函数为其解．事实上，将 $y = e^{rx}$ 代入微分方程，得

$$e^{rx}(r^2 + pr + q) = 0$$

因为 $e^{rx} \neq 0$，所以，只要 r 是代数方程 $r^2 + pr + q = 0$ 的根，那么函数 $y = e^{rx}$ 就是方程的解．我们称关于 r 的一元二次方程

$$r^2 + pr + q = 0 \tag{7.4.3}$$

为二阶常系数齐次线性微分方程的**特征方程**，称特征方程的根为**特征根**．

下面根据特征根的情况讨论微分方程的通解．

（1）当特征方程 (7.4.3) 有两个不相等的实根 $r_1 \neq r_2$ 时，可以验证函数 $y_1 = e^{r_1 x}$，$y_2 = e^{r_2 x}$ 是方程 (7.4.2) 的解．同时，$\dfrac{y_1}{y_2} = \dfrac{e^{r_1 x}}{e^{r_2 x}} = e^{(r_1 - r_2)x}$ 不是常数，所以，函数 $y_1 = e^{r_1 x}$、$y_2 = e^{r_2 x}$ 线性无关，由定理 7.4.1 可得，此时方程的通解为

$$y = C_1 e^{r_1 x} + C_2 e^{r_2 x}$$

（2）当特征方程(7.4.3)有两个相等的实根 $r = r_1 = r_2$ 时，只得到方程(7.4.2)的一个特解 $y_1 = e^{rx}$，必须还要找到一个与 $y_1 = e^{rx}$ 线性无关的特解，经验证可知 $y_2 = xe^{rx}$ 也是方程的一个特解，且与 $y_1 = e^{rx}$ 线性无关 $\left(\dfrac{y_2}{y_1} = x \text{ 不是常数} \right)$，此时方程的通解为

$$y = (C_1 + C_2 x)e^{rx}$$

（3）当特征方程(7.4.3)有一对共轭复根 $r = \alpha \pm i\beta$（其中 α，β 为实数且 $\alpha \neq 0$）时，方程(7.4.2)有两个特解

$$y_1 = e^{\alpha x}\cos\beta x$$
$$y_2 = e^{\alpha x}\sin\beta x$$

由于 $\dfrac{y_1}{y_2} = \dfrac{e^{\alpha x}\cos\beta x}{e^{\alpha x}\sin\beta x} \neq$ 常数，它们线性无关，所以，方程的通解为

$$y = e^{\alpha x}(C_1\cos\beta x + C_2\sin\beta x)$$

综上所述，求二阶常系数齐次线性微分方程通解 $y'' + py' + qy = 0$ 的步骤如下：

（1）写出微分方程所对应的特征方程 $r^2 + pr + q = 0$；

（2）求出特征方程的两个根 r_1，r_2；

（3）根据特征根的不同情况，按表 7-1 写出方程的通解．

表 7-1

特征根的情况	方程 $y'' + py' + qy = 0$ 的通解
两个不等实根 $r_1 \neq r_2$	$y = C_1 e^{r_1 x} + C_2 e^{r_2 x}$
两个相等实根 $r_1 = r_2$	$y = (C_1 + C_2 x)e^{r_1 x}$
一对共轭复根 $r = \alpha \pm i\beta$，$(\beta > 0)$	$y = e^{\alpha x}(C_1\cos\beta x + C_2\sin\beta x)$

例 7.4.1 求微分方程 $y'' + 5y' + 6y = 0$ 的通解．

解 特征方程为

$$r^2 + 5r + 6 = 0$$

解得特征根为

$$r_1 = -2, \quad r_2 = -3$$

所以，微分方程的通解为

$$y = C_1 e^{-2x} + C_2 e^{-3x}$$

例 7.4.2 求微分方程 $4y'' - 4y' + y = 0$ 满足初始条件 $y|_{x=0} = 1$，$y'|_{x=0} = 3$ 的特解．

解 特征方程为

$$4r^2 - 4r + 1 = 0$$

解得特征根为

$$r_1 = r_2 = \frac{1}{2}$$

所以，微分方程的通解为

$$y = (C_1 + C_2 x)e^{\frac{x}{2}}$$

将上式求导，得

$$y' = \frac{1}{2}(C_1 + C_2 x)e^{\frac{x}{2}} + C_2 e^{\frac{x}{2}}$$

将初始条件 $y|_{x=0}=1$，$y'|_{x=0}=3$ 分别代入上述两式，得

$$C_1 = 1, \quad C_2 = \frac{5}{2}$$

所以，微分方程的特解为

$$y = \left(1 + \frac{5}{2}x\right)e^{\frac{x}{2}}$$

例 7.4.3 求微分方程 $y'' + 2y' + 10y = 0$ 的通解.

解 特征方程为

$$r^2 + 2r + 10 = 0$$

解得特征根为

$$r_{1,2} = \frac{-2 \pm \sqrt{2^2 - 4 \times 10}}{2} = -1 \pm 3i$$

它们为一对共轭复根，其中

$$\alpha = -1, \quad \beta = 3$$

所以，方程的通解为

$$y = e^{-x}(C_1 \cos 3x + C_2 \sin 3x)$$

7.4.3 二阶常系数非齐次线性微分方程的解法

由定理 7.4.2 知二阶常系数非齐次线性微分方程的通解是对应的齐次方程的通解 $Y(x)$ 与非齐次方程的一个特解 y^* 之和，即它的通解为

$$y = Y(x) + y^*$$

前面已经讨论了齐次线性微分方程的通解，下面的问题只需要求出非齐次方程的一个特解即可.

二阶常系数非齐次线性方程的特解形式与自由项 $f(x)$ 有关，这里仅就 $f(x)$ 的一种常见类型进行讨论，即 $f(x) = P_m(x)e^{\alpha x}$ 的类型.

此时，方程为

$$y'' + py' + qy = P(x)e^{\alpha x} \qquad (7.4.4)$$

式中，α 是常数，$P_m(x)$ 是关于 x 的 m 次多项式，即

$$P_m(x) = a_0 x^m + a_1 x^{m-1} + \cdots + a_{m-1}x + a_m$$

则方程(7.4.4)具有形如

$$y^* = x^k Q_m(x)e^{\alpha x}$$

的特解，其中，$Q_m(x)$ 是与 $P_m(x)$ 同为 m 次的待定多项式，而 k 的值如下确定：

（1）若 α 与两个特征根都不相等，取 $k = 0$；

（2）若 α 与一个特征根相等，取 $k=1$；

（3）若 α 与两个特征根都相等，取 $k=2$.

例如

$$y'' - 2y' + y = xe^x$$

其对应的齐次特征方程为

$$r^2 - 2r + 1 = 0$$

特征根为 $r_1 = r_2 = 1$，由于 $\alpha = 1$ 与 r_1，r_2 都相等，则取 $k=2$，由于 $P(x)=x$，所以 $Q(x)=ax+b$，从而设原方程的一个特解为

$$y^* = x^2(ax+b)e^x$$

所以，求二阶常系数线性非齐次方程的解的步骤如下：

（1）求对应齐次方程的通解 $Y(x)$；

（2）求非齐次方程的一个特解 y^*；

（3）根据定理 7.4.2，写出非齐次方程的通解 $y = Y(x) + y^*$.

例 7.4.4 求微分方程 $y'' - 5y' + 6y = -5e^{2x}$ 的一个特解.

解 所给方程对应齐次方程的特征方程为

$$r^2 - 5r + 6 = 0$$

解得特征根为

$$r_1 = 3, \quad r_2 = 2$$

因为 $f(x) = xe^{2x}$，所以 $\alpha = 2$ 与一个特征根相等，故取 $k=1$，又因为 $P_m(x) = -5$ 是零次多项式，所以，设非齐次方程的特解为

$$y^* = Axe^{2x} \quad （其中 A 为待定系数）$$

对上式求导，得

$$(y^*)' = Ae^{2x} + 2Axe^{2x} = Ae^{2x}(1+2x)$$

$$(y^*)'' = 4Ae^{2x}(1+x)$$

将 y^*，$(y^*)'$，$(y^*)''$ 代入到原方程中，得

$$-Ae^{2x} = -5e^{2x}$$

比较上式两端系数，可知

$$A = 5$$

所以非齐次方程的特解为

$$y^* = 5xe^{2x}$$

例 7.4.5 求微分方程 $y'' + 6y' + 9y = 5xe^{-3x}$ 的通解.

解 （1）求对应齐次方程的通解 Y.

特征方程为

$$r^2 + 6r + 9 = 0$$

解得特征根为

$$r_1 = r_2 = -3$$

所以，对应齐次方程的通解为

$$Y = (C_1 + C_2 x)e^{-3x}$$

（2）求非齐次方程的一个特解 y^*.

方程中 $f(x) = 5xe^{-3x}$，其中 $\alpha = -3$ 与两个特征根都相等，故取 $k = 2$，$P_m(x) = 5x$ 是一次多项式，所以，设原方程的特解为

$$y^* = x^2 Q(x)e^{\alpha x} = x^2(Ax + B)e^{-3x} = (Ax^3 + Bx^2)e^{-3x}$$

对上式求导，得

$$(y^*)' = e^{-3x}\left[-3Ax^3 + (3A - 3B)x^2 + 2Bx\right]$$

$$(y^*)'' = e^{-3x}\left[9Ax^3 + (-18A + 9B)x^2 + (6A - 12B)x + 2B\right]$$

将 y^*，$(y^*)'$，$(y^*)''$ 代入到原方程中，化简得

$$6Ax + 2B = 5x$$

比较上式两端系数可知

$$\begin{cases} 6A = 5 \\ B = 0 \end{cases}$$

解得 $A = \dfrac{5}{6}$，$B = 0$，于是原方程的一个特解为

$$y^* = \frac{5}{6}x^3 e^{-3x}$$

于是所求通解为

$$y = \left(\frac{5}{6}x^3 + C_2 x + C_1\right)e^{-3x}$$

习题 7.4

1. 求下列微分方程的通解

（1）$y'' + y' - 2y = 0$；　　　　　　（2）$y'' + 5y = 0$；

（3）$y'' - 2y' + y = 0$；　　　　　　（4）$y'' - 4y' = 0$.

2. 求微分方程 $y'' - 4y' + 3y = 0$ 满足初始条件 $y'(0) = 10$，$y(0) = 6$ 的特解.

3. 写出下列方程特解的形式

（1）$y'' + 3y' + 2y = xe^{-x}$，$y^* = $ ＿＿＿＿＿＿＿＿＿＿；

（2）$y'' - 2y' + y = e^{-x}$，$y^* = $ ＿＿＿＿＿＿＿＿＿＿；

（3）$y'' - 2y' - 3y = 3x + 1$，$y^* = $ ＿＿＿＿＿＿＿＿＿＿.

4. 求下列微分方程的通解

（1）$y'' - 2y' + y = e^x$；

（2）$y'' - y' - 2y = 2$；

（3）$y'' - 2y' = x$.

7.5　微分方程的应用

在自然界和工程技术中，许多实际问题的研究往往归结为求解微分方程的问题. 如牛顿的运动定律、万有引力定律、机械能守恒定律、能量守恒定

律、人口发展规律、生态种群竞争、疾病传染、遗传基因变异、股票的涨幅趋势、利率的浮动、市场均衡价格的变化等. 应用微分方程解决实际问题的一般步骤如下.

(1)建立微分方程模型：分析实际问题，建立微分方程，确定初始条件.

(2)求解微分方程：求出所列微分方程的通解，并根据初始条件确定出符合实际情况的特解.

(3)回归实际问题：用微分方程的解，解释、分析实际问题，看是否与实际问题相符合，并给出实际问题的解答.

以下通过几个实例介绍通过微分方程建立数学模型，解决生活中的实际问题.

例 7.5.1 已知一曲线过点 $(2,3)$，且曲线上任一点的切线介于两坐标轴间的部分恰为切点所平分，求此曲线方程.

解 设所求曲线方程为 $y = y(x)$，曲线上任一点 $P(x,y)$ 处的切线与两坐标轴的交点坐标为 $(a,0)$，$(0,b)$. 根据题意知 $\dfrac{a}{2} = x$，$\dfrac{b}{2} = y$，即 $a = 2x$，$b = 2y$，则此曲线的斜率为

$$\frac{b-0}{0-a} = -\frac{2y}{2x} = -\frac{y}{x}$$

又由导数的几何意义知，曲线在点 $P(x,y)$ 处的切线斜率为 $\dfrac{\mathrm{d}y}{\mathrm{d}x}$，故有

$$\frac{\mathrm{d}y}{\mathrm{d}x} = -\frac{y}{x} \tag{7.5.1}$$

由于所求曲线过点 $(2,3)$，故有初始条件

$$y|_{x=2} = 3$$

将方程(7.5.1)分离变量，得

$$\frac{1}{y}\mathrm{d}y = -\frac{1}{x}\mathrm{d}x$$

两边积分得

$$\ln y = -\ln x + \ln C$$

即

$$xy = C$$

将初始条件代入上式，得 $C = 6$，于是所求的曲线方程为

$$xy = 6$$

例 7.5.2 在商品销售预测中，t 时刻的销售量用 $x = x(t)$ 表示. 如果商品销售的增长速度 $\dfrac{\mathrm{d}x(t)}{\mathrm{d}t}$ 与销售量 x 和销售接近饱和程度 $a - x$ 之积（a 为饱和水平）成正比，求销售量函数 $x(t)$.

解 由题意可建立微分方程

$$\frac{\mathrm{d}x}{\mathrm{d}t} = kx(a-x)$$

其中 k 为比例系数，将方程分离变量，得

$$\frac{\mathrm{d}x}{x(a-x)} = k\mathrm{d}t$$

即

$$\left(\frac{1}{x} + \frac{1}{a-x}\right)\mathrm{d}x = ak\mathrm{d}t$$

两边积分，得

$$\ln x - \ln(a-x) = akt + \ln C_1$$

化简，得

$$\frac{x}{a-x} = C_1 \mathrm{e}^{akt}$$

从而得通解为

$$x(t) = \frac{aC_1 \mathrm{e}^{akt}}{1 + C_1 \mathrm{e}^{akt}} = \frac{a}{1 + C\mathrm{e}^{-akt}}$$

其中，$C = \dfrac{1}{C_1}$ 为任意常数.

例 7.5.3 牛顿冷却定律指出，物体冷却的速度（℃/s）正比于物体的温度与冷却环境温度之差. 现设钢锭出炉温度为 1150℃，炉外环境温度为 30℃，比例系数为 0.014℃/s^2.

（1）试建立钢锭出炉后的温度 T（℃）与时间 t（s）之间的数学模型；

（2）钢锭温度降到 750℃ 以下锻打将会影响产品质量，试求应该在钢锭出炉后几秒钟内把它锻打好？

解（1）取 $t = 0$ 为钢锭出炉开始冷却的时刻，设经 t 秒钟时钢锭温度为 T，则 $T = T(t)$，钢锭温度下降的速度为 $\dfrac{\mathrm{d}T}{\mathrm{d}t}$，据牛顿冷却定律，得

$$\frac{\mathrm{d}T(t)}{\mathrm{d}t} = -0.014[T(t) - 30]$$

其中，等号右端添上负号，是因为当时间 t 增大时，钢锭温度 $T(t)$ 下降，故 $\dfrac{\mathrm{d}T}{\mathrm{d}t} < 0$.

按题意，$T(t)$ 还应满足条件

$$T\big|_{t=0} = 1150$$

将原方程分离变量可得

$$\frac{\mathrm{d}T(t)}{T(t) - 30} = -0.014\mathrm{d}t$$

两端求不定积分，得

$$\int \frac{\mathrm{d}T}{T(t) - 30} = -\int 0.014\mathrm{d}t$$

计算不定积分，得

$$\ln[T(t) - 30] = -0.014t + C_1$$

令 $C_1 = \ln C$（C_1，C 为任意常数），并化简得

$$T(t) = 30 + Ce^{-0.014t}$$

将初始条件 $T\big|_{t=0} = 1150$ 代入上式,得

$$C = 1120$$

于是得到钢锭出炉后的温度 T 与时间 t 之间的数学模型为

$$T(t) = 30 + 1120e^{-0.014t}$$

再将 $T = 750$ 代入上式中,得

$$750 = 30 + 1120e^{-0.014t}$$

即

$$e^{-0.014t} = \frac{9}{14}$$

从而解得

$$t \approx 31.56(\mathrm{s})$$

所以,应该在钢锭出炉后大约 $31.56\mathrm{s}$ 内把它锻打好.

例 7.5.4 一台电动机运转后,每秒温度升高 1℃,设室内温度 15℃,电动机温度的冷却速度和电动机与室内温差成正比,试建立电动机的温度与时间的数学模型.

解 设电动机运转 t 秒后的温度(单位:℃)为 $T = T(t)$,当时间 t(单位:s)增加 $\mathrm{d}t$ 时,电动机的温度也相应地从 $T(t)$ 增加到了 $T(t) + \mathrm{d}t$.

由于在 $\mathrm{d}t$ 时间内,电动机的温度升高了 $\mathrm{d}t$,同时受室温的影响又下降了 $k(T-15)\mathrm{d}t$,因此,在 $\mathrm{d}t$ 时间内温度的实际改变量为

$$\mathrm{d}T = \mathrm{d}t - k(T-15)\mathrm{d}t$$

整理,得

$$\frac{\mathrm{d}T}{\mathrm{d}t} + kt = 1 + 15k$$

这是一阶线性非齐次微分方程,由公式解,有

$$T(t) = e^{-\int k\mathrm{d}t}\left[\int (1+15k)e^{\int k\mathrm{d}t}\mathrm{d}t + C\right] = e^{-kt}\left[\frac{(1+15k)e^{kt}}{k} + C\right]$$

由题意可知,初始条件为 $T\big|_{t=0} = 15$,所以 $C = -\dfrac{1}{k}$. 故经过时间 t 后,电动机的实际温度与时间的数学模型为

$$T(t) = 15 + \frac{1}{k}(1 - e^{-kt})$$

由上式可知,电动机开动较长时间后,温度将趋近于 15℃.

习题 7.5

1. 一曲线过点 $(1,1)$,且曲线上任一点的切线垂直于此点与原点的连线,求此曲线方程.

2. 已知细菌增长的速度与当前数量成正比,1h 的时候有 1000 个细菌;4h 的时候有 3000 个细菌,求:

(1)在任何时刻 t,细菌数量的表达式;

(2)$t = 0$ 时有多少个细菌.

复习题七

1. 选择题

(1) 微分方程 $xyy'' + 2x^2y'^2 + y = x$ 的阶数为（　　　）.

A. 2　　　　　B. 3　　　　　C. 4　　　　　D. 5

(2) 下列函数中，（　　）是微分方程 $dy - 2xdx = 0$ 的解.

A. $y = 2x$　　　B. $y = x^2$　　　C. $y = -2x$　　　D. $y = -x$

(3) 微分方程 $y' = 3y^{\frac{2}{3}}$ 的一个特解为（　　　）.

A. $y = x^3 + 1$　　　　　　　B. $y = (x+2)^3$

C. $y = (x+C)^2$　　　　　　D. $y = C(x+1)^2$

(4) $y = C_1 e^x + C_2 e^{-x}$（其中 C_1，C_2 为任意常数）是方程 $y'' - y = 0$ 的
（　　　）.

A. 通解　　　　　　　　　　B. 特解

C. 是方程的无穷个解　　　　D. 上述都不对

(5) 微分方程 $y' = y$ 满足 $y|_{x=0} = 2$ 的特解为（　　　）.

A. $y = e^x + 1$　　　　　　　B. $y = 2e^x$

C. $y = 2e^{\frac{x}{2}}$　　　　　　　D. $y = 3e^x$

(6) 下列微分方程中，属于二阶常系数齐次线性微分方程的是（　　　）.

A. $y'' - 2y = 0$　　　　　　　B. $y'' - xy' + 3y^2 = 0$

C. $5y'' - 4x = 0$　　　　　　D. $y'' - 2y' + 1 = 0$

(7) 过点 $(1,3)$ 且切线斜率为 $2x$ 的曲线方程 $y = y(x)$ 应满足的关系是
（　　　）.

A. $y' = 2x$　　　　　　　　　B. $y'' = 2x$

C. $y' = 2x$，$y(1) = 3$　　　　D $y'' = 2x$，$y(1) = 3$

(8) 微分方程 $y'' = e^{-x}$ 的通解为 $y = $（　　　）.

A. $-e^{-x}$　　　　　　　　　B. e^{-x}

C. $-e^{-x} + C_1 x + C_2$　　　D. $e^{-x} + C_1 x + C_2$

2. 填空题

(1) 微分方程 $y''' + y'\sin x - x = \cos x$ 的通解中含有_____个独立常数.

(2) 微分方程 $y'' = e^x$ 的通解为_____.

(3) 微分方程 $xy''' + 2x^2y'^2 + x^3y = \cos x$ 是_____阶微分方程.

(4) 微分方程 $y' = y^2\cos x$ 的通解为_____.

(5) 方程 $y'' - 4y' + 3y = 0$ 满足初始条件 $y|_{x=0} = 6$，$y'|_{x=0} = 10$ 的特解为
_____.

（6）方程 $y'' - 4y' = 0$ 的通解为_____．

（7）已知微分方程 $\dfrac{\mathrm{d}y}{\mathrm{d}x} - \dfrac{2y}{x+1} = (x+1)^{\frac{5}{2}}$，对应的齐次方程的通解为

_____．

（8）微分方程 $xy' - (1 + x^2)y = 0$ 的通解为_____．

3. 求解下列微分方程

（1）$xy' + y = y^2$；　　　（2）$y' = 1 + x + y^2 + xy^2$；

（3）$y' + y = \mathrm{e}^{-x}$；　　　（4）$xy' + 2y = \sin x$，$y(\pi) = \dfrac{1}{\pi}$；

（5）$y'' + 4y = 0$；　　　（6）$y'' + 4y' + 4y = 0$；

（7）$y'' - y' = \mathrm{e}^x$；　　　（8）$y'' + y' - 2y = 2x$．

4. 已知某曲线经过点 $(1,1)$，它在任一点的切线在纵轴上的截距等于切点的横坐标，求它的方程．

5. 求微分方程 $y'' - 2y' + y = x\mathrm{e}^x - \mathrm{e}^x$，$y(1) = y'(1) = 1$ 的特解．

6. 已知某产品的利润 L 是广告支出数 x 的函数，且满足 $\dfrac{\mathrm{d}L}{\mathrm{d}x} = b - a(L + x)$（$a$，$b$ 为正的常数），当 $x = 0$ 时，$L(0) = L_0$，求利润函数 $L(x)$．

阅读与欣赏（七）

拉 格 朗 日

约瑟夫·拉格朗日（1736—1813），全名为约瑟夫·路易斯·拉格朗日，法国著名数学家、物理学家．1736 年 1 月 25 日生于意大利都灵，1813 年 4 月 10 日卒于巴黎．拉格朗日在数学、力学和天文学三个学科中都有重大历史性贡献，但他主要是数学家，研究力学和天文学的目的是表明数学分析的威力．在数学上的数学分析、微分方程、方程论、函数、无穷级数等方面都有很重要的成就，下面细述拉格朗日在微分方程上的贡献．

早在都灵时期，拉格朗日就对变系数常微分方程研究做出重大成果．他在降阶过程中提出了以后所称的伴随方程，并证明了非齐次线性变系数方程的伴随方程，就是原方程的齐次方程．他还把欧拉关于常系数齐次方程的结果推广到变系数情况，证明了变系数齐次方程的通解可用一些独立特解乘上任意常数相加而成；而且在知道方程的 m 个特解后，可以把方程降低 m 阶．

在柏林时期，他对常微分方程的奇解和特解做出了历史性的贡献，在 1774 年完成的"关于微分方程特解的研究"中系统地研究了奇解和通解的关系，明确提出由通解及其对积分常数的偏导数消去常数求出奇解的方法；还指出奇解为原方程积分曲线族的包络线。当然，他的奇解理论还不完善，现代奇解理论的形式是由 G. 达布等人完成的．

拉格朗日是一阶偏微分方程理论的建立者，他在 1772 年完成的"关于一阶偏微分方程的积分"和 1785 年完成的"一阶线性偏微分方程的一般积分方法"中，系统地完成了一阶偏微分方程的理论和解法．他首先提出了一阶非线性偏微分方程的解分类为完全解、奇解、通积分等，并给出了它们之间的关系．由上面已可看出，一阶非线性偏微分方程，可以化为解常微分方程组．现代也有时称此方法为拉格朗日方法，又称为柯西（Cauchy）的特征方法．因拉格朗日只讨论两个自变量情况，在推广到 n 个自变量时遇到困难，而此困难后来由柯西在 1819 年克服．

习题参考答案

习题 1.1

1. (1) $[-1,2) \cup (2,+\infty)$；(2) $(-\infty,-2) \cup (3,+\infty)$.
2. (1) 不相同，因为定义域不相同；(2) 相同.
3. (1) $(-1,2]$；(2) 略.
4. 函数 $y = 2x + \ln x$ 在区间 $(0,+\infty)$ 内是单调递增函数.

习题 1.2

1. $\left(-\dfrac{1}{2},0\right)$.

2. $\varphi(-2)=0$，$\varphi\left(\dfrac{1}{5}\right)=\dfrac{1}{5}$，$\varphi\left(-\dfrac{1}{2}\right)=\dfrac{1}{2}$，图略.

3. (1) $y=\sqrt{u}$，$u=2-x^2$；   (2) $y=\tan u$，$u=\sqrt{v}$，$v=1+x$；

   (3) $y=\sin u$，$u=2x$；   (4) $y=u^{10}$，$u=2x+1$.

4. $f(x)=x^2-2x-1$.

习题 1.3

1. 到 2020 年底，我国人口大约是 14.7 亿；人口模型为：$A=p_0(1+r)^n$.
2. 略.
3. 略.

复 习 题 一

1. (1) B；(2) C；(3) A；(4) B；(5) B；(6) D.
2. (1) 表格法，图像法，公式法；   (2) $[2,3]$；

   (3) $(x-1)^2+\mathrm{e}^{x-1}+2$；   (4) $1,-1,4$；

   (5) $[-1,1]$；   (6) 单调减少的；

   (7) $\pi+1$；   (8) $y=2^u$，$u=\cos x$.

3. (1) $\checkmark$；(2) $\times$；(3) $\checkmark$；(4) $\times$；(5) $\checkmark$；(6) $\checkmark$.
4. $[-1,1]$.
5. (1) 单调递减；   (2) 单调递增；

   (3) 单调递增；   (4) 单调递增.

6. (1) $y=\sin u$，$u=\sqrt{x}$；

   (2) $y=u^2$，$u=\ln v$，$v=\sqrt{x}$；

   (3) $y=\mathrm{e}^u$，$u=\arctan x$.

7. $y = -x + 130$, $x \in (0, 130]$.

8. $y = \begin{cases} 0.3x & 0 \leqslant x \leqslant 50 \\ 0.45x - 7.5 & x > 50 \end{cases}$, 图略.

习题 2.1

1. 当 $x \to -\infty$ 时 $y = 2^x$ 的极限是 0.

2. $\lim\limits_{x \to 0} |x| = 0$.

3. $\lim\limits_{x \to 1^-} f(x) = 5$, $\lim\limits_{x \to 1^+} f(x) = 1$, $\lim\limits_{x \to 1} f(x)$ 不存在.

习题 2.2

1. (1) 12; (2) 5; (3) $-\dfrac{3}{2}$; (4) $\dfrac{3}{10}$; (5) 0; (6) $\dfrac{\sqrt{2}}{4}$.

习题 2.3

2. (1) $\dfrac{3}{2}$; (2) 3; (3) e^2; (4) e^{-2}; (5) $e^{\frac{1}{2}}$; (6) 2.

习题 2.4

1. 无穷小量: $f(x) = \dfrac{x^2 - 1}{x + 1}$ $(x \to 1)$, $f(x) = x \sin \dfrac{1}{x}$ $(x \to 0)$,

$$f(x) = \dfrac{1}{2x + 3} (x \to \infty);$$

无穷大量: $f(x) = \dfrac{1}{x + 1} (x \to -1)$.

2. 当 $x \to 0$ 时,

(1) $(x^2 + x) \sim x$;　　　　 (2) $x + \sin x$ 与 x 是同阶无穷小;

(3) $x - \sin x = o(x)$;　　　 (4) $1 - \cos 2x = o(x)$;

(5) $x \cos x \sim x$;　　　　　 (6) $\tan 2x$ 与 x 是同阶无穷小.

3. $\lim\limits_{x \to 0} \dfrac{\arcsin x}{\sin 4x} = \dfrac{1}{4}$.

习题 2.5

1. 连续.

2. 不连续.

3. $k = 2$.

4. (1) $x = -2$; (2) $x = 1$ 及 $x = 2$; (3) $x = 0$; (4) $x = 0$ 及 $x = 1$.

5. (1) $\ln \dfrac{\pi}{6}$; (2) -1.

6. 略.

复习题二

1. (1) D; (2) A; (3) D; (4) B; (5) A; (6) D; (7) B; (8) C.

2. (1) 既左连续又右连续;   (2) 连续的;

   (3) 2;   (4) 0;

   (5) 不存在;   (6) $(-\infty, 1] \cup [2, +\infty)$;

   (7) $x = 1$ 及 $x = -1$;   (8) 可去.

3. (1) ×; (2) √; (3) ×; (4) √;

   (5) ×; (6) ×; (7) √; (8) √.

4. (1) 2; (2) $\dfrac{5}{3}$; (3) -1; (4) $\dfrac{2\sqrt{2}}{3}$;

   (5) $\dfrac{1}{3}$; (6) e^2; (7) $\dfrac{1}{3}$; (8) e^{-2}.

5. 函数 $y = f(x)$ 在 $x = 0$ 处不连续, $\lim\limits_{x \to 0} f(x) = -1$.

6. (1) 1; (2) 2.

7. 略.

习题 3.1

1. -20.

2. (1) $4x^3$;   (2) $\dfrac{2}{3}x^{-\frac{1}{3}}$;   (3) $-\dfrac{1}{2}x^{-\frac{3}{2}}$;   (4) $-\dfrac{2}{x^3}$.

3. $K = -4$, 切线方程: $4x + y - 4 = 0$, 法线方程: $2x - 8y + 15 = 0$.

4. 切线方程: $\dfrac{\sqrt{3}}{2}x + y - \dfrac{1}{2}\left(1 + \dfrac{\sqrt{3}}{3}\pi\right) = 0$.

   法线方程: $\dfrac{2\sqrt{3}}{3}x - y + \dfrac{1}{2} - \dfrac{2\sqrt{3}}{9}\pi = 0$.

习题 3.2

(1) $(\log_2 x)' = \dfrac{1}{x\ln 2}$;   (2) $(\sec x)' = \sec x \tan x$;

(3) $\left(\dfrac{1}{\sqrt{x}} - 3^x + e^2\right)' = -\dfrac{1}{2}x^{-\frac{3}{2}} - 3^x\ln 3$; (4) $(x^2 \cdot \tan x)' = 2x\tan x + x^2\sec^2 x$.

2. (1) $y' = 26x + 14$;   (2) $y' = e^x + xe^x$;

   (3) $y' = \cos 2x$;   (4) $y' = \dfrac{2}{1 + 4x^2}$;

   (5) $y' = -8\sin 8x$;   (6) $y' = e^x\sin 2x + 2e^x\cos 2x$;

   (7) $y' = \dfrac{1}{3}(1 - \cos x)^{-\frac{2}{3}}\sin x$;   (8) $y' = -\dfrac{1}{2x\sqrt{x-1}}$;

   (9) $y' = 2xe^{x^2}$;   (10) $y' = \dfrac{1}{\ln(\ln x)}\dfrac{1}{\ln x}\dfrac{1}{x}$.

习题 3. 3

1. (1) $\dfrac{2}{3(1-y^2)}$; $\qquad\qquad$ (2) $\dfrac{y-x^2}{y^2-x}$;

 (3) $\dfrac{-e^y}{1+xe^y}$; $\qquad\qquad$ (4) $-\dfrac{y^2}{xy+1}$;

 (5) $\sqrt{x\sin x}\ \sqrt{1-e^x}\cdot\dfrac{1}{2}\left[\dfrac{1}{x}+\cot x-\dfrac{e^x}{2(1-e^x)}\right]$;

 (6) $x^{\sin x}\left(\cos x\ln x+\dfrac{\sin x}{x}\right)$.

2. (1) $\dfrac{3t^2-1}{2t}$; (2) $\dfrac{\sin t}{1-\cos t}$; (3) $-\tan^2 t$.

3. $x+y=0$.

4. $3x-y-7=0$.

习题 3. 4

1. (1) $30(10+x)^4$; $\qquad\qquad$ (2) $4+9\cos 3x$;

 (3) $\dfrac{6x^2-3}{\sqrt{1-x^2}}$; $\qquad\qquad$ (4) $2e^{x^2}(3x+2x^3)$.

2. $f''(1)=26$; $f'''(1)=18$; $f^{(4)}(1)=0$.

3. (1) $y'=4x^3+2x$, $y''=12x^2+2$, $y'''=24x$, $y^{(4)}=24$,

 $\quad y^{(n)}=0\ (n=5,\ 6\cdots)$;

 (2) $y^{(n)}=(-1)^n e^x\ (n=1,\ 2,\ \cdots)$;

 (3) $y^{(n)}=\dfrac{(-1)^n 2n!}{(1+x)^{n+1}}\ (n=1,\ 2,\ \cdots)$;

 (4) $y^{(n)}=2^{n*1}\sin\left[2x+(n-1)\dfrac{\pi}{2}\right]\ (n=1,\ 2,\ \cdots)$.

4. $-\dfrac{\sqrt{3}}{6}\pi A$, $\quad -\dfrac{1}{18}\pi^2 A$.

习题 3. 5

1. (1) $-\cos x+C$; $\qquad$ (2) $\ln|1+x|+C$; $\qquad$ (3) $\dfrac{2}{3}x^{\frac{3}{2}}+C$;

 (4) $-\dfrac{1}{x}+C$; $\qquad$ (5) $-\dfrac{1}{3}e^{-3x}+C$; $\qquad$ (6) $\dfrac{1}{2}e^{2x}+C$;

2. (1) $dy=(2x+\cos x)dx$; $\qquad$ (2) $dy=\sec^2 x\,dx$;

 (3) $dy=\left(\dfrac{3}{8}x^{-\frac{7}{8}}+x^{-2}\right)dx$; $\qquad$ (4) $dy=\left(\arctan x+\dfrac{x}{1+x^2}\right)dx$;

 (5) $dy=(e^x+xe^x)dx$; $\qquad$ (6) $dy=300(3x-1)^{99}dx$;

 (7) $dy=3^{\ln\cos x}\ln 3(-\tan x)dx$; $\qquad$ (8) $dy=4x\tan(1+x^2)\sec^2(1+x^2)dx$.

3. 15.072.

4. (1) 1.01；(2) 2.98；(3) 1.01；(4) 2.005.

复习题三

1. (1) D；(2) C；(3) C；(4) D；(5) B；(6) B；(7) C；(8) A.

2. (1) $f'(0)$；(2) -1；(3) $\dfrac{1}{4}\mathrm{e}^{\frac{\pi}{4}}$；(4) $2\sqrt{x}+C$.

3. (1) ×；(2) ∨；(3) ×；(4) ×；(5) ∨；(6) ×.

4. (1) $9x^2+3^x\ln3+\dfrac{1}{x}$；

(2) $\sqrt{2}\,x^{\sqrt{2}-1}+\arcsin x+\dfrac{x}{\sqrt{1-x^2}}$；

(3) $-\sin x+2x\sin x+x^2\cos x$；

(4) $\mathrm{e}^x(\ln x+x\ln x+1)$；

(5) $\dfrac{(1-x)^2\tan x+x(1+x^2)\sec^2 x}{(1+x^2)^2}$；

(6) $\dfrac{1-x-2\ln x}{x^3}$；

(7) $\dfrac{2}{x}\ln x$；

(8) $-\dfrac{2x}{a^2-x^2}$；

(9) $4\csc 4x$；

(10) $\dfrac{2}{x\ln(\ln 3x)\ \ln 3x}$.

5. $f(3)=5$，$f'(3)=4$，$f''(3)=2$.

6. (1) $\left(-\dfrac{1}{x^2}+\dfrac{\sqrt{x}}{x}\right)\mathrm{d}x$；

(2) $(\sin 2x+2x\cos 2x)\mathrm{d}x$；

(3) $\dfrac{2\ln(1-x)}{x-1}\mathrm{d}x$；

(4) $2x(1+x)\mathrm{e}^{2x}\mathrm{d}x$.

习题 4.1

1. (1) $x=-6$；(2) $x=0$.

2. (1) 单调增加区间 $(-\infty,0)$ 和 $(2,+\infty)$，单调减少区间 $(0,2)$；

(2) 单调增加区间 $(-\infty,-2)$ 和 $(2,+\infty)$，单调减少区间 $(0,2)$ 和 $(-2,0)$.

3. 略.

习题 4.2

1. (1) $\dfrac{4}{3}$；(2) $\dfrac{10}{11}$；(3) $\dfrac{3}{2}$；(4) ∞；(5) $\dfrac{1}{6}$

(6) 0；(7) ∞；(8) $\dfrac{1}{2}$；(9) $\dfrac{1}{2}$；(10) 1.

习题 4.3

1. (1) 极小值点 $x=1$，极小值 $f(1)=2$.

(2) 极大值点 $x=0$，极大值 $f(0)=0$；极小值点 $x=1$，极小值 $f(1)=-1$.

(3) 极大值点 $x=-1$，极大值 $f(-1)=1$；极大值点 $x=1$，极大值 $f(1)=1$；极小值点 $x=0$，极小值 $f(0)=0$.

(4) 极小值点 $x=0$, 极小值 $f(0)=0$.

2. 单调递增区间为 $(-\infty, 0)$ 和 $(1, +\infty)$, 单调减少区间 $(0, 1)$;

极大值点 $x=0$, 极大值 $f(0)=0$; 极小值点 $x=1$, 极小值 $f(1)=-\dfrac{1}{2}$.

习题 4.4

1. (1) 最大值 $f(\pm 2)=13$, 最小值 $f\left(\pm\dfrac{\sqrt{2}}{2}\right)=\dfrac{3}{4}$;

(2) 最大值 $f(2)=\ln 5$, 最小值 $f(0)=0$.

2. 房租定为 350 元时可获得最大收入.

3. 长为 10m, 宽为 5m 时, 小屋的面积最大.

习题 4.5

1. (1) 凸弧; (2) 凹弧.

2. (1) 凸区间 $(-\infty, -1)$ 和 $(1, +\infty)$, 凹区间 $(-1, 1)$, 拐点 $(-1, \ln 2)$ 和 $(1, \ln 2)$;

(2) 凸区间 $\left(-\infty, \dfrac{5}{3}\right)$, 凹区间 $\left(\dfrac{5}{3}, +\infty\right)$, 拐点 $\left(\dfrac{5}{3}, -\dfrac{250}{27}\right)$.

3. 略.

复习题四

1. (1) D; (2) D; (3) B; (4) C; (5) C; (6) D; (7) C; (8) A.

2. (1) $e-1$; (2) $(-\infty, +\infty)$; (3) 递增; (4) $f'(x_0)=0$;

(5) 7, 3; (6) $\ln 5$, 0; (7) $(-\infty, -2)$, $(-2, +\infty)$; (8) $(0, 1)$.

3. (1) ×; (2) ×; (3) √; (4) ×;

(5) √; (6) ×; (7) ×; (8) √.

4. (1) 1; (2) 1; (3) $-\dfrac{1}{3}$; (4) $\dfrac{1}{6}$

5. (1) 单调增加区间 $(-\infty, -1)$ 和 $(3, +\infty)$, 单调减少区间 $(-1, 3)$, 极大值 $f(-1)=3$, 极小值 $f(3)=-61$;

(2) 单调增加区间 $(-\infty, 0)$, 单调减少区间 $(0, +\infty)$, 极大值 $f(0)=-1$.

6. (1) 最大值 $f(2)=3$, 最小值 $f(-1)=-\dfrac{3}{2}$;

(2) 最大值 $f\left(\dfrac{\sqrt{3}}{3}\right)=\dfrac{2\sqrt{3}}{9}$, 最小值 $f(0)=0$, $f(1)=0$.

7. (1) 凹区间 $\left(-\infty, \dfrac{1}{3}\right)$, 凸区间 $\left(\dfrac{1}{3}, +\infty\right)$, 拐点 $\left(\dfrac{1}{3}, \dfrac{2}{27}\right)$;

(2) 凹区间 $(0, +\infty)$, 凸区间 $(-\infty, 0)$, 拐点 $(0, 0)$.

8. 图略.

9. 长为 18, 宽为 12 时用料最省.

习题 5.1

1. (1) $\dfrac{x^3}{3}+C$;   (2) $2x$;

   (3) $-\cos x+C$;   (4) $\cos x$;

   (5) $\dfrac{3^x}{\ln 3}+C$;   (6) $3^x\ln 3$.

2. (1) $\dfrac{1}{2}\sin 2x+C$;   (2) $\dfrac{1}{\sin x}dx$;

   (3) $\sqrt{a^2+x^2}+C$;   (4) $e^x(\sin x+\cos x)$.

3. (1) D; (2) D; (3) A.

4. (1) $e^x-\arcsin x+C$;   (2) $\dfrac{2}{5}x^{\frac{5}{2}}+x+C$;

   (3) $\ln|x|-2\sin x+C$;   (4) $2e^x+3\ln|x|+C$;

   (5) $\dfrac{6^x}{\ln 6}+\dfrac{3}{4}x^{\frac{4}{3}}+C$;   (6) $\tan x-\sec x+C$;

   (7) $\dfrac{1}{2}(x+\sin x)+C$;   (8) $\dfrac{3^x}{\ln 3}-\dfrac{5^x}{\ln 5}+C$;

   (9) $\sin x-\cos x+C$;   (10) $\dfrac{2}{3}x^{\frac{3}{2}}-3x+C$.

5. $y=\ln|x|+1$.

6. $S=\dfrac{3}{2}t^2-2t+5$.

习题 5.2

1. (1) $\dfrac{1}{2a}$; (2) 2; (3) $\dfrac{1}{3}$; (4) -1; (5) $\arcsin x+C$; (6) $2e^{2x}$.

2. (1) $\ln(3+e^x)+C$;   (2) $-\dfrac{2}{3}\sqrt{1-3x}+C$;

   (3) $\dfrac{1}{3}e^{x^3}+C$;   (4) $2e^{\sqrt{x}}+C$;

   (5) $\ln|\ln x|+C$;   (6) $e^{\sin x}+C$;

   (7) $\dfrac{1}{3}\sin(3x+4)+C$;   (8) $-\dfrac{1}{6(1+3x^2)}+C$;

   (9) $\dfrac{1}{6}\arctan\dfrac{3}{2}x+C$;   (10) $-\dfrac{1}{\sin x}+C$.

3. (1) $\dfrac{2}{5}(x+1)^{\frac{5}{2}}-\dfrac{2}{3}(x+1)^{\frac{3}{2}}+C$;   (2) $x-2\sqrt{x}+2\ln(\sqrt{x}+1)+C$;

   (3) $2\arcsin\dfrac{x}{2}-\dfrac{x}{2}\sqrt{4-x^2}+C$;   (4) $\dfrac{1}{54}\arctan\dfrac{x}{3}+\dfrac{x}{18(9+x^2)}+C$.

习题 5.3

1. （1） $x\arccos x - \sqrt{1-x^2} + C$; （2） $x\arctan x - \dfrac{1}{2}\ln(1+x^2) + C$;

  （3） $-\dfrac{1}{2}x\cos 2x + \dfrac{1}{4}\sin 2x + C$ （4） $\dfrac{1}{2}e^x(\sin x + \cos x) + C$;

  （5） $-x^2 e^{-x} - 2x e^{-x} - 2e^{-x}$; （6） $x\ln(1+x^2) - 2x + 2\arctan x + C$.

2. （1） $3e^{\sqrt[3]{x}}(\sqrt[3]{x^2} - 2\sqrt[3]{x} + 2) + C$; （2） $2(\sin\sqrt{x} - \sqrt{x}\cos\sqrt{x}) + C$.

复习题五

1. （1） B；（2） C；（3） A；（4） B；（5） A；（6） D；（7） B；（8） C.

2. （1） $-\dfrac{1}{8}$；（2） $\dfrac{x^5}{5} + 2e^x + C$；（3） $x^2\cos x + C$；（4） $-F(e^{-x}) + C$.

  （5） $\dfrac{2}{\sqrt{1-4x^2}}$；（6） 无数；常数；全体原函数；（7） 平行；（8） 连续.

3. （1） ×；（2） ×；（3） ×；（4） ×；

  （5） ×；（6） √；（7） √；（8） √.

4. （1） $-\sin\dfrac{1}{x} + C$; （2） $2\sqrt{e^x + 1} + C$;

  （3） $-\dfrac{(1-x^2)^{11}}{22} + C$; （4） $2\sqrt{x-1} - 2\arctan\sqrt{x-1} + C$;

  （5） $\dfrac{1}{3}\arcsin 3x + C$; （6） $\dfrac{x^3}{3}\ln x - \dfrac{x^3}{9} + C$.

习题 6.1

1. （1） 4；（2） π；（3） 0.

2. （1） $\displaystyle\int_1^2 \ln x\,\mathrm{d}x \geqslant \int_1^2 (\ln x)^2\,\mathrm{d}x$; （2） $\displaystyle\int_0^{\frac{\pi}{2}} x\,\mathrm{d}x \geqslant \int_0^{\frac{\pi}{2}} \sin x\,\mathrm{d}x$.

3. （1） $\pi \leqslant \displaystyle\int_{\frac{\pi}{4}}^{\frac{5\pi}{4}} (1 + \sin^2 x)\,\mathrm{d}x \leqslant 2\pi$; （2） $\dfrac{\pi}{9} \leqslant \displaystyle\int_{\frac{1}{\sqrt{3}}}^{\sqrt{3}} x\cdot\arctan x\,\mathrm{d}x \leqslant \dfrac{2\pi}{3}$.

习题 6.2

1. （1） $\sqrt{1+x}$；（2） $\cos x\cdot e^x$；（3） $-\sqrt{x}\cos x$；（4） $\dfrac{-4x^3}{1+x^2}$;

2. （1） $2(e-1)$；（2） -8；（3） $1 - \dfrac{\pi}{4}$；（4） 1.

3. 汽车行驶了 10m.

习题 6.3

1. （1） $\dfrac{2}{3}$；（2） $\dfrac{1}{2}\ln 5$；（3） $\dfrac{1}{6}$；（4） $\dfrac{\pi}{2}$；（5） $-2+\pi$；（6） $\dfrac{1}{5}(-2 + e^\pi)$.

2. （1） 0.7188；（2） 0.6938.

习题 6.4

1. (1) $\dfrac{1}{3}$; (2) 1; (3) 发散; (4) π.

习题 6.5

1. (1) $\dfrac{32}{3}$; (2) 12.

2. $\dfrac{128}{7}\pi$, $\dfrac{64}{5}\pi$.

3. (1) $160\pi^2$; (2) $\dfrac{3}{10}\pi$.

4. $\sqrt{2}-1$

复习题六

1. (1) A; (2) A; (3) A; (4) D; (5) A; (6) B; (7) C; (8) B.

2. (1) 12, π, 0; (2) 5, −5, $\dfrac{12}{5}$; (3) $-\sin x^2$; (4) 4π.

   (5) $f(x)-f(a)$; (6) $\dfrac{-2}{(x-1)^2}$; (7) $y=x$; (8) 1.

3. (1) √; (2) √; (3) ×; (4) ×;

   (5) ×; (6) ×; (7) √; (8) ×.

4. (1) $2(e^2+1)$; (2) 证明略; (3) $\dfrac{1}{3}$; (4) 2;

   (5) 两部分面积比为 $S_1 : S_2 = \dfrac{9\pi-2}{3\pi+2}$;

   (6) 把水全部抽出需做功 $\dfrac{1}{4}\rho g\pi r^4$ (J);

   (7) 力所做的功为 2.5J.

   (8) $2\pi b^2 + 2\pi ab \dfrac{\arcsin\dfrac{\sqrt{a^2-b^2}}{a}}{\dfrac{\sqrt{a^2-b^2}}{a}}$.

习题 7.1

1. (1) 常系数线性微分方程，二阶;   (2) 不是微分方程;
   (3) 线性微分方程，三阶;   (4) 微分方程，一阶.
2. (1) 通解;   (2) 特解;
   (3) 通解;   (4) 不是解.

习题 7.2

1. (1) 可分离变量   (2) 可分离变量

(3) 线性微分方程

(4) 线性微分方程

2. (1) $y = Cx$；

(2) $y = Ce^{\arcsin x}$；

(3) $y = e^{Cx}$；

(4) $y = -\ln(2 - e^x)$；

(5) $y = Ce^{-3x} + \frac{2}{3}x - \frac{2}{9}$；

(6) $y = \dfrac{e^x - e}{x}$；

(7) $y = x\ln|x|$；

(8) $y = e^{-x^2}\left(\dfrac{1}{2}x^2 + C\right)$.

习题 7.3

1. (1) $y = -\dfrac{1}{4}e^{2x} + C_1 x + C_2$；

(2) $y = C_1\cos\sqrt{5}\,x + C_2\sin\sqrt{5}\,x$；

(3) $y = \dfrac{x+2}{x+1}$.

习题 7.4

1. (1) $y = C_1 e^x + C_2 e^{-2x}$；

(2) $y = C_1\cos\sqrt{5}\,x + C_2\sin\sqrt{5}\,x$；

(3) $y = (C_1 + C_2 x)e^x$；

(4) $y = C_1 + C_2 e^{4x}$.

2. $y = 4e^x + 2e^{3x}$.

3. (1) $x(Ax + B)e^{-x}$；

(2) Ae^{-x}；

(3) $Ax + B$.

4. (1) $y = \left(C_1 + C_2 x + \dfrac{1}{2}x^2\right)e^x$；

(2) $y = C_1 e^{2x} + C_2 e^{-x} - 1$；

(3) $y = C_1 + C_2 e^{2x} - \dfrac{1}{4}(x^2 + x)$.

习题 7.5

1. $x^2 + y^2 = 2$.

2. (1) $y = 1000 \times 3^{\frac{1}{3}(t-1)}$；

(2) $\dfrac{1000}{\sqrt[3]{3}}$.

复习题七

1. (1) A；(2) B；(3) B；(4) A；(5) B；(6) A；(7) C；(8) D.

2. (1) 3；

(2) $y = e^x + C_1 + C_2 x$；

(3) 3；

(4) $y = -\dfrac{1}{\sin x + C}$；

(5) $y = 4e^x + 2e^{3x}$

(6) $y = C_1 + C_2 e^{4x}$；

(7) $y = C(x+1)^2$；

(8) $y = Cxe^{\frac{1}{2}x^2}$

3. (1) $y = \dfrac{1}{1 - Cx}$；

(2) $y = \tan\left(\dfrac{1}{2}x^2 + x + C\right)$；

(3) $y = (x + C)\mathrm{e}^{-x}$;　　(4) $y = \dfrac{\sin x - x\cos x}{x^2}$;

(5) $y = C_1\cos 2x + C_2\sin 2x$;　　(6) $y = (C_1 + C_2 x)\mathrm{e}^{-2x}$;

(7) $y = C_1 + C_2\mathrm{e}^{x} + x\mathrm{e}^{x}$;　　(8) $y = C_1\mathrm{e}^{-2x} + C_2\mathrm{e}^{x} - x - \dfrac{1}{2}$.

4. $y = x(1 - \ln|x|)$.

5. $y = \dfrac{\mathrm{e}^{x}}{6}\left(x^3 - 3x^2 + 3x + \dfrac{6}{\mathrm{e}} - 1\right)$.

6. $L(x) = \dfrac{b + 1 - ax}{a} + \left(L_0 - \dfrac{b + 1}{a}\right)\mathrm{e}^{-ax}$.

附录一　数学实验

数学实验以数学内容为中心，将计算机作为学习数学的重要工具，运用数学软件完成必要的计算、分析或判断，来探索、解决一些典型的数学问题．按照实验任务的不同，高等数学实验可以划分成四种层次．

（1）**计算实验**：借助计算机软件完成高等数学中的公式演算、数值计算、图形绘制等工作，提高使用计算机处理数学问题的能力，并为后续实验打好基础．

（2）**体验实验**：通过对数学现象的深入观察，体验微积分中有关的理论的基本思想和典型方法，加深对抽象概念的感性认识．

（3）**探索实验**：运用高等数学理论和技巧，开展探索性和发现性研究，训练观察问题的敏锐性、思考问题的全面性、处理问题的灵活性．

（4）**应用实验**：结合解决各种实际问题，培养建立数学模型和综合运用数学知识使问题最终获解的实际应用能力．

Mathematica 介绍

Mathematica 是一款科学计算软件，很好地结合了数值和符号计算引擎、图形系统、编程语言、文本系统和与其他应用程序的高级连接．Mathematica 很多功能在相应领域内处于世界领先地位，它也是使用最广泛的数学软件之一．Mathematica 的发布标志着现代科技计算的开始．Mathematica 是世界上通用计算系统中最强大的系统．自从 1988 发布以来，它已经对如何在科技和其他领域运用计算机产生了深刻的影响．

Mathematica 和 MATLAB、Maple 并称为三大数学软件．下文将利用 Mathematica 数学软件进行数学实验操作．

1. Mathematica 启动与帮助

假设在 Windows 环境下已安装好了 Mathematica，在"开始"菜单的"程序"找 Wolfram Mathematica11 程序进入欢迎页面（图 F.1）．

用户可以单击"参考文档"（图 F.2）学习软件的使用，还可以单击"资源"登陆官网获取网络学习资源（图 F.3）．

单击欢迎界面中的"新文档"选择按钮，选择要建立的文档类型，文档包括笔记本、幻灯片、演示项目等，文档后缀都是 .nb，可以理解为不同场合的设计模板，Mathematica 默认新建立的"笔记本"文档．

图 F. 1

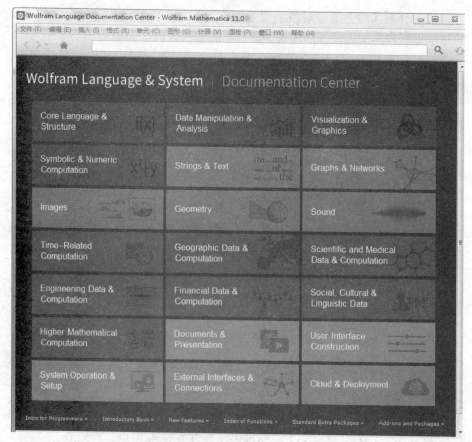

图 F. 2

2. Mathematica 的基本使用

（1）在工作区输入命令，按 Shift + Enter 组合键执行命令；如输入"2 + 3"，按 Shift + Enter 组合键执行后，窗口显示

In[1] : = 2 + 3

Out[1] = 5

图 F.3

其中"In[1]:=,Out[1]="为系统自动添加(不必管),In[1]括号内数字1表示第1次输入.如果不想显示此次输入的结果,只要在所输入命令的后面再加上一个分号便可.

(2)软件打开初始时,右侧有一个运算符号面板,可以更方便命令输入,如级数、积分、数学符号等.

(3)除可以用直接键盘输入的方法进行输入外,还可以用打开的方式从磁盘中调入一个已经存在的文件来进行操作.

3.Mathematica 的基本语法特征

(1)Mathematica 中区分大、小写,如 Name、name、NAME 是不同的变量名或函数名.

(2)系统所提供的功能大部分以系统函数的形式给出,内部函数一般写全称,而且一定是以大写英文字母开头,如 Sin[2] 等.

(3)乘法既可以用∗,又可以用空格表示,如 $2\ 3=2*3=6$,x y,2 Sin[x]等;乘幂可以用"∧"表示,如 x∧0.5,Tan[x]∧y.

(4)自定义的变量可以取几乎任意的名称,长度不限,但不可以数字开头.

(5)当赋予变量任何一个值,除非明显地改变该值或使用 Clear[变量名]或"变量名=."取消该值为止,否则它将始终保持原值不变.

(6)一定要注意四种括号的用法:圆括号 ( ) 表示运算项的结合顺序,如 (x+(y∧x+1/(2x)));方括号 [ ] 表示函数,如 Log[x],BesselJ[x, 1];大括号 {} 表示一个"表"(一组数字、任意表达式、函数等的集合),如

$\{2x, Sin[12 Pi], \{1+A, y*x\}\}$；双方括号 $[[\ ]]$ 表示"表"或"表达式"的下标，如 $a[[2,3]]$，$\{1,2,3\}[[1]] = 1$.

（7）Mathematica 的语句书写十分方便，一个语句可以分为多行写，同一行可以写多个语句（但要以分号间隔）. 当语句以分号结束时，语句计算后不做输出（输出语句除外），否则将输出计算的结果.

4. Mathematica 中的数据类型和数学常数

Mathematica 提供的简单数据类型有整数、有理数、实数和复数 4 种类型，这些数据在 Mathematica 中有如下的要求.

（1）整数描述为 Integer，是可以具有任意长度的精确数. 书写方法同于我们通常的表示，输入时，构成整数的各数字之间不能有空格、逗号和其他符号，整数的正负号写在该数的首位，正号可以不输入. 例如，2367189、-932 是正确的整数.

（2）有理数描述为 Rational，用化简过的分数表示，但其中分子和分母都应该是整数，有理数是精确数，输入时分号用"／"代替，即使用"分子/分母"的形式. 例如，23/45、$-41/345$ 是正确的有理数.

（3）实数描述为 Real，是除了整数和有理数之外的所有实数. 与一般高级语言不同的是，这里数学中的无理数是可以有任意精确度的近似数，如圆周率 π，在 Mathematica 中它可以根据需要取任意位有效数字.

（4）复数描述为 Complex，用是否含有虚数单位 I 来区分，它的实部和虚部可以是整数、有理数和实数，例如，$3+4.3I$、$18.5I$ 都是正确的复数.

为了方便数学处理和计算更准确，Mathematica 定义了一些数学常数，它们用英文字符串表示，常用的有：

Pi　　　　　表示圆周率 $\pi = 3.14159\cdots$

E　　　　　表示自然数 $e = 2.71828\cdots$

Degree　　　表示几何的角度 1°或 π/180，30 Degree 表示 30°

I　　　　　表示虚数单位 -1 开平方 I

Infinity　　　表示数学中的无穷大∞　　（正无穷）

注意：数学常数是精确数，可以直接用于输入的公式中，作为精确数参与计算和公式推导. 这些常数可以从符号面板选择输入.

5. Mathematica 数的运算符

数的运算有：加、减、乘、除和乘方，它们在 Mathematica 中的符号为：加（+）、减（-）、乘（*）、除（/）和乘方（^）.

不同类型的数参与运算，其结果的类型为：

（1）如果运算数有复数，则计算结果为复数类型；

（2）如果运算数没有复数，但有实数，则计算结果为实数类型；

（3）如果运算数没有复数和实数，但有分数，则计算结果为有理数类型；

（4）如果运算数只有整数，则计算结果或是整数类型（如果计算结果是整数）；或是有理数类型（如果计算结果不是整数）.

6. Mathematica 中的精确数与近似数

（1）Mathematica 的近似数是带有小数点的数；精确数是整数、有理数、数学常数以及函数在自变量取整数、有理数、数学常数时的函数值．例如，62243、2/3、E、Sin［4］都是精确数．如果参与运算或求值的数带有小数点，则运算结果通常为带有6位有效数字的近似数，例如：

$$In[3]：= 1.2345678020/30$$
$$Out[3] = 0.0411523 \qquad 结果为近似数$$
$$In[4]：= 2 + Sin[1.0]$$
$$Out[4] = 2.84147 \qquad 结果为近似数$$
$$In[5]：= 2 + Sin[1]$$
$$Out[5] = 2 + Sin[1] \qquad 结果为精确数$$

（2）如果需要精确数的数值结果（除了整数之外），可以用 Mathematica 提供的 N 函数将其转化，N 函数可以得到该精确数的任意精度的近似结果，例如：

$$In[6]：= 2*E + Sin[Pi/5]//N$$
$$Out[6] = 6.02345 \qquad （输入 2*E + Sin[Pi/5]试试）$$
$$In[7]：= N[2*E + Sin[Pi/5], 30]$$
$$Out[7] = 6.02434890921056359988928089734$$

Input = N[Pi,20]

output = 3.1415926535897932384626433832 8

7. Mathematica 中的内部函数

Mathematica 有很丰富的内部函数，它们是 Mathematica 系统自带的函数，函数名一般为数学中常使用的英文单词，只要输入相应的函数名，就可以方便地使用这些函数．内部函数既有数学中常用的函数，又有工程中用的特殊函数．如果用户想自己定义一个函数，Mathematica 也提供了这种功能．

Mathematica 的内部函数名字大部分是其英文单词的全名，如 Random 等．Mathematica 内部函数的名字第一个字母一定要大写，其后的字母一般是小写的，不过如果该名字有几个含义，则函数名字中体现每个含义的第一个字母也要大写，如反正切函数 arctan x 中含有反 "arc" 和正切 "tan" 两个含义，故它的 Mathematica 函数表示为 ArcTan［x］．

Mathematica 中的函数自变量应该用方括号［］括起，不能用圆括（）号括起，即一个数学中的函数 f(x, y, …) 应该写为 f［x, y, …］才行．

用 Mathematica 的过程中，常常需要了解一个函数的详细用法，或者想知道系统中是否有完成某一个计算的函数，帮助文档是最详细、最方便的资料库（图 F.4）.

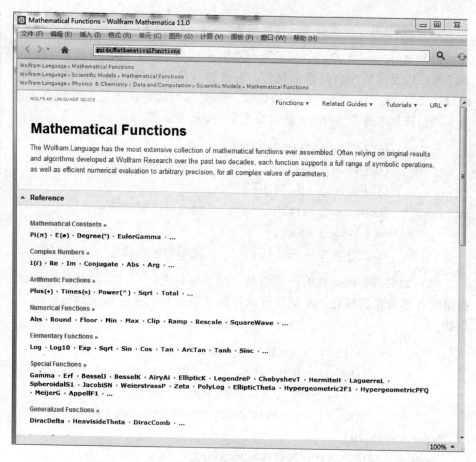

图 F. 4

实验一　定义函数与绘制函数图形

实验目的

　　在计算机使用方面，学习 Mathematica 的常用函数，掌握分段函数的定义方法和函数的递归定义方法，了解条件关系式和逻辑关系式.

实验过程

　　一、定义函数

表 F1－1

格　　式	意　　义
f[x_]:=……	定义一元函数 $f(x)$
f[x_,y_]:=……	定义二元函数 $f(x, y)$
Clear[f]	取消对的 f 定义

例 **F1.1**　定义函数 $f(x) = x^2 + 2x - 3$，并求出 $f(1)$，$f(2)$ 和 $f\left(\dfrac{1}{x}\right)$的表达式.

```
f1[x_]:=x^2+2x-3
f1[1]
f1[2]
f1[1/x]
```

0

5

$-3 + \dfrac{1}{x^2} + \dfrac{2}{x}$

例 **F1.2**　定义函数 $f(x, y) = x^2 + y^2$，并求出 $f(1, 2)$，$f(2, 3)$ 和 $f\left(\dfrac{1}{x}, \dfrac{1}{y}\right)$的表达式.

```
f2[x_,y_]:=x^2+y^2
f2[1,2]
f2[2,3]
f2[1/x,1/y]
```

5

13

$\dfrac{1}{x^2} + \dfrac{2}{y^2}$

二、自定义分段函数

表 **F1-2**

格　式	意　义
Which[条件1,求值1, 条件2,求值2,……]	按照顺序依次检查所列的各条件，当首次遇到"条件 n" 成立时，执行相应的命令"求值 n"

例 **F1.3**　定义分段函数

$$f(x) = \begin{cases} 0 & 0 \leqslant 0 \\ x^2 & 0 < x \leqslant 1 \\ 1 & 1 < x \leqslant 2 \\ 3 - x & 2 < x \leqslant 3 \\ 0 & x > 3 \end{cases}$$

```
f3[x_]:=Which[x≤0,0,x≤1,x^2,x≤2,1,x≤3,3-x,x>3,0]
f3[-1]
f3[0.5]
f3[1.5]
f3[2.5]
f3[3.5]
```

```
0
0.25
1
0.5
0
```

三、绘制函数图像

表 F1 - 3

格　式	意　义
Plot[f,{x,a,b},选择项]	画出 $f(x)$ 在 $[a, b]$ 区间上的图形
Plot[{f1,f2,…},{x,a,b},选择项]	画出多个函数 $f_1(x)$，$f_2(x)$，…在 $[a, b]$ 区间上的图形
Plot3D[f,{x,x_{min},x_{max}},{y,y_{min},y_{max}}]	画出 $f(x)$ 在 x 和 y 上的图形

例 F1.4　绘制例 F1.3 中定义的分段函数图像，其中 $x \in [-3, 5]$.

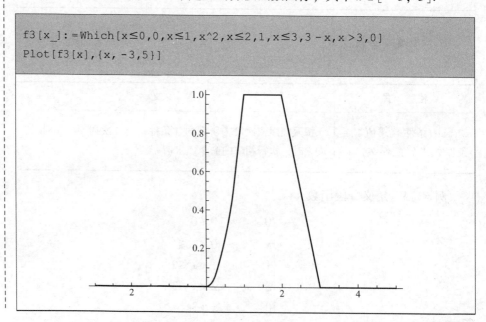

```
f3[x_]:=Which[x≤0,0,x≤1,x^2,x≤2,1,x≤3,3-x,x>3,0]
Plot[f3[x],{x,-3,5}]
```

例 F1.5 同时画出函数 $y = \sin x$ 和 $y = \cos x$ 在 $\left[-2\pi, 2\pi\right]$ 区间上的图形.

```
Plot[{Sin[x],Cos[x]},{x,-2Pi,2Pi}]
```

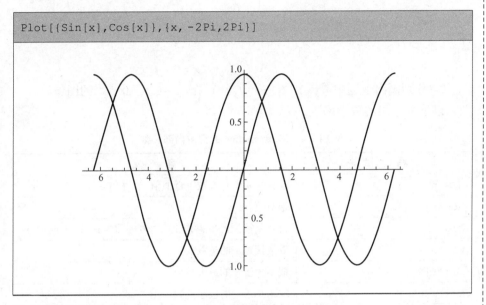

例 F1.6 绘制例 F1.2 中定义的分段函数图像，其中 $x \in \left[-2, 2\right]$，$y \in \left[-2, 2\right]$.

```
f2[x_,y_]:=x^2+y^2
Plot3D[f2[x,y],{x,-2,2},{y,-2,2}]
```

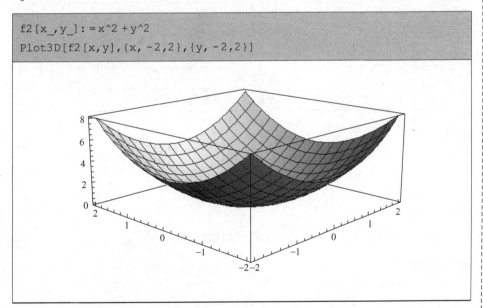

练 习 一

1. 自定义下列函数

$$f_1(x) = \begin{cases} \sin \dfrac{1}{x} & x \neq 0 \\ 0 & x = 0 \end{cases}$$

$$f_2(x) = \begin{cases} x\sin\dfrac{1}{x} & x \neq 0 \\ 0 & x = 0 \end{cases}$$

$$f_3(x) = \begin{cases} x^2\sin\dfrac{1}{x} & x \neq 0 \\ 0 & x = 0 \end{cases}$$

2. 分别画出上题中 $f_1(x)$，$f_2(x)$，$f_3(x)$ 在 $[-0.5, 0.5]$ 的图像.
以下为常用的数学函数.

表 F1-4　Mathematica 的常用内部函数

格　　式	意　　义
N[x,n]	取 x 的 n 位有效数字近似值
Abs[x]	绝对值
Sign[x]	符号函数：$x>0$ 时取 1；$x<0$ 时取 -1；$x=0$ 时取 0
Round[x]	取最接近 x 的整数
Floor[x]	取不大于 x 的最大整数
Ceiling[x]	取不小于 x 的最小整数
Max[x1,x2,……]	取 x_1，x_2，…中的最大值
Min[x1,x2,……]	取 x_1，x_2，…中的最小值
Mod[m,n]	m 被 n 除的正余数
Quotient[m,n]	m 被 n 除的整数部分
n!	n 的阶乘：$n(n-1)(n-2)\cdots1$
n!!	n 的双阶乘：$n(n-2)(n-4)\cdots$
Sin[x],Cos[x],Tan[x]	三角函数（自变量的单位是弧度）

实验二　极　　限

实验目的

学习和掌握利用 Mathematica 工具求极限问题.

实验过程

表 F2-1

格　　式	意　　义
Limit[f[x],x -> x₀]	求极限 $\lim\limits_{x \to x_0} f(x)$
Limit[f[x], x -> x₀, Direction ->1]	求左极限 $\lim\limits_{x \to x_0^-} f(x)$
Limit[f[x], x -> x₀, Direction -> -1]	求右极限 $\lim\limits_{x \to x_0^+} f(x)$

例 **F2.1** 求 $\lim\limits_{x\to 0^+}\dfrac{\sin x}{x}$, $\lim\limits_{x\to 0^-}\dfrac{\sin x}{x}$, $\lim\limits_{x\to 0}\dfrac{\sin x}{x}$.

```
Limit[Sin[x]/x,x→0,Direction→1]
Limit[Sin[x]/x,x→0,Direction→-1]
Limit[Sin[x]/x,x→0]
```

```
1
1
1
```

例 **F2.2** 求 $\lim\limits_{x\to\infty}(1+x)^{\frac{1}{x}}$.

```
Plot[{(1+1/x)ˣ,E},{x,-10,10}]
Limit[(1+1/x)ˣ,x→Infinity]
```

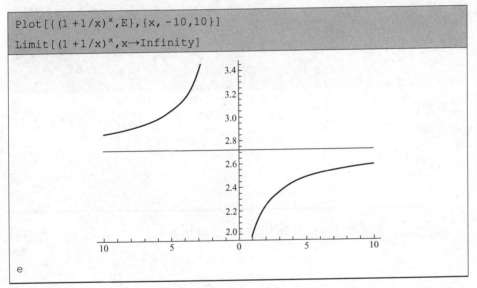

e

例 **F2.3** 研究 $\lim\limits_{x\to 0}\sin\dfrac{1}{x}$ 是否存在.

```
Limit[Sin[1/x],x→0]
Plot[Sin[1/x],{x,-1,1}]
```

```
Interval[{-1,1}]1
```

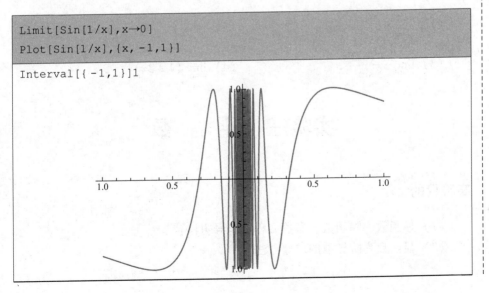

分析函数可知，当 $x \to 0$ 时，$\dfrac{1}{x} \to \infty$，函数值在 -1 和 1 之间变化，结果不是确定的值．

例 F2.4 某顾客向银行存入本金 1 元，而银行的复利率为 10%，n 年后他在银行的存款总额为 $a_n = (1 + 10\%)^n$．但是银行若是改为，每月、每天、每小时、每秒结算一次，那他 10 年后的存款总额是多少？能得出什么结论？

```
f[x_]: = (1 + 0.1/x)^{10* x}
f[1]
f[12]
f[365]
f[365* 24]
f[365* 34* 3600]
```

```
2.59374
2.70704
2.71791
2.71827
2.71828
```

通过以上观察可以看出，得出的值越来越接近于 e，当 $x \to \infty$ 时，极限值就是 e．

练 习 二

1. 计算下列极限

(1) $\displaystyle\lim_{x \to \infty} 2 - \dfrac{1}{x} + \dfrac{1}{x^2}$；

(2) $\displaystyle\lim_{x \to 0} \sqrt{5x - 4} - \dfrac{\sqrt{x}}{x - 1}$；

(3) $\displaystyle\lim_{x \to 0} \dfrac{1 - \cos 2x}{x \sin}$；

(4) $\displaystyle\lim_{x \to 0} (1 + 2x)^{\frac{1}{x}}$．

实验三 导 数

实验目的

(1) 显函数、隐函数、参数方程的求导方法；

(2) 显函数高阶导数的求导方法．

实验过程

表 F3 - 1

格　式	意　义
D[f,x]	求 f 对 x 的导数
D[f,{x,n}]	求 f 对 x 的 n 阶导数
Solve[f == 0,x]	解以 x 为变量的方程组或不等式组

一、求显函数的导数

例 F3.1　求函数 $y = xe^x + \sin3x - x^3$ 的导数.

```
D[x* E^x +Sin[3* x] -x^3,x]
```

```
e^x +e^x x -3x^2 +3Cos[3x]
```

例 F3.2　求函数 $y = xe^x + \sin3x - x^3$ 的 2 阶导数.

```
D[x* E^x +Sin[3* x] -x^3,{x,2}]
```

```
2e^x -6x +e^x x -9Sin[3x]
```

例 F3.3　求函数 $y = \dfrac{1}{x+1}$ 的 5 阶导数.

```
D[1/(1 +x),{x,5}]
```

$$\frac{-120}{(1+x)^6}$$

例 F3.4　求 $y = \sin2x\cos3x$ 在 $x = \dfrac{\pi}{6}$ 处的导数.

```
u =D[Sin[2* x]* Cos[3* x],x]
u/. x→Pi/6
```

```
2Cos[2x] Cos[3x] -3Sin[2x] Sin[3x]
```

$$\frac{-3\sqrt{3}}{2}$$

二、求隐函数的导数

例 F3.5　求 $e^2 + 4y^3 = 6$ 所确定隐函数的导数.

```
u=D[Exp[x]+4* y[x]³==6,x]
Solve[u,y′[x],x]
```

$$e^x + 12y[x]^2 y'[x] == 0$$

```
Solve::bdomv: Warning: _x_ is not a valid domain specification.
Mathematica is assuming it is a variable to eliminate. □
```

$$\{\{y'[x] \rightarrow y' = \frac{-e^x}{12[y]^2}\}\}$$

运行命令时出现警告语句，是因为解方程中没有给出未知量 x 范围，默认有意义未知量 x，求导 $y' = \dfrac{-e^x}{12y^2}$.

三、参数方程求导数

对由参数方程 $x = x(t)$，$y = y(t)$ 所确定的函数 $y = f(x)$

$$\frac{\mathrm{d}y}{\mathrm{d}x} = \frac{\dfrac{\mathrm{d}y}{\mathrm{d}t}}{\dfrac{\mathrm{d}x}{\mathrm{d}t}}$$

可以以 t 为自变量分别求出 x，y 导数，然后作商求参数方程的导数.

例 F3.6　求参数方程 $\begin{cases} x = 5\cos t \\ y = 4\sin t \end{cases}$ 的导数.

```
s=D[4* Sin[t],t]
r=D[5* Cos[t],t]
Simplify[s/r]
```

4 Cos[t]

-5 Sin[t]

$-\dfrac{4\mathrm{Cot}[t]}{5}$

练 习 三

1. 计算下列导数

（1）$y = \dfrac{4}{x^5} + \dfrac{7}{x^4}$；

（2）$y = \ln x - 2\lg x + 3\log_2 x$；

（3）$y = \dfrac{1 + \sin x}{1 + \cos x}$；

（4）$y = e^{x^2}\cos e^{-2x}$，求 y''.

实验四　求函数极值

实验目的

（1）利用 Mathematic 求函数 $f(x)$ 的极值；
（2）利用 Mathematic 内置求极值函数求极值.

实验过程

一、利用求驻点方法求极值

例 F4.1　求 $f(x) = 2x^3 - 6x^2 - 18x + 7$ 的极值.

`f[x_]:=2x³-6x²-18x+7`	//定义函数
`u=D[f[x],x]`	//求一阶导函数

$-18 - 12x + 6x^2$

`Solve[u==0,x]`	//解方程求驻点

$\{\{x \rightarrow -1\}, \{x \rightarrow 3\}\}$

`m=D[f[x],{x,2}]`	//求二阶导数
`m/.x -> -1`	//求驻点二阶导数值
`m/.x ->3`	//求驻点二阶导数值

$-12 + 12x$

-24

24

`f[-1]`	//求极大值
`f[3]`	//求极小值

17

-47

函数的极小值为 -47,极大值为 17.

二、利用内值求极值函数求极值

表 F4-1

格　　式	意　　义
`FindMaximum[f,x]`	求出 f 的局部极大值, 从一个自动选定的点开始
`FindMaximum[f,{x,x₀}]`	求出 f 的局部极大值, 从点 $x = x_0$ 开始.
`FindMinimum[f,x]`	求出 f 的局部极小值, 从一个自动选定的点开始
`FindMinimum[f,{x,x₀}]`	求出 f 的局部极小值, 从点 $x = x_0$ 开始.

```
f[x_]:=2x³-6x²-18x+7                //定义函数
u=D[f[x],x]                         //求导
FindMaximum[f[x],x]
FindMinimum[f[x],x]
```

```
{17.,{x→-1.}}
{-47.,{x→3.}}
```

练　习　四

1. 求下列函数的极值

(1) $y=\left(x+\dfrac{1}{x}\right)^{x}$；   (2) $y=x^{2}\ln\cos x$.

实验五　积　　分

实验目的

学习和掌握利用 Mathematica 工具求积分问题.

实验过程

一、不定积分的计算

表 F5 - 1

格　　式	意　　义
Integrate[f,x]	计算不定积分 $\int f(x)\,\mathrm{d}x$

例 F5.1　计算下列不定积分.

(1) $\displaystyle\int\frac{\arctan\sqrt{x}}{(1+x)\sqrt{x}}\mathrm{d}x$；   (2) $\displaystyle\int x(\tan x)^{2}\mathrm{d}x$；

(3) $\displaystyle\int\frac{1}{1+\sin x+\cos x}\mathrm{d}x$；   (4) $\displaystyle\int f'(x)f''(x)\mathrm{d}x$.

解

(1)　`Integrate[ ArcTan[Sqrt[x]]/Sqrt[x]/(1+x),x]`

$\mathrm{ArcTan}[\sqrt{x}]^{2}$

(2)　`Integrate[x Tan[x]^2,x]`

$-\dfrac{x^{2}}{2}+\mathrm{Log}[\mathrm{Cos}[x]]+x\,\mathrm{Tan}[x]$

(3)　`Integrate[1/(1+Sin[x]+Cos[x]),x]`

$-\mathrm{Log}\left[\mathrm{Cos}\left[\dfrac{x}{2}\right]\right]+\mathrm{Log}\left[\mathrm{Cos}\left[\dfrac{x}{2}\right]+\mathrm{Sin}\left[\dfrac{x}{2}\right]\right]$

(4) `Integrate[f''[x] f'[x],x]`

$$\frac{1}{2}f'[x]^2$$

二、定积分的计算

表 F5-2

格　式	意　义
`Integrate[f,{x,a,b}]`	计算定积分 $\int_a^b f(x)\,\mathrm{d}x$

例 F5.2 计算下列定积分.

(1) $\int_1^{\sqrt{3}} \frac{1}{x^2\sqrt{x^2+1}}\mathrm{d}x$;

(2) $\int_0^{\frac{\pi}{2}} \mathrm{e}^{2x}\cos x\,\mathrm{d}x$.

解 (1) `Integrate[1/(x^2 Sqrt[x^2+1]),{x,1,Sqrt[3]}]`

$$\sqrt{2}-\frac{2}{\sqrt{3}}$$

(2) `Integrate[Exp[2x]Cos[x],{x,0,Pi/2}]`

$$\frac{1}{5}(-2+\mathrm{e}^{\pi})$$

练　习　五

1. 计算不定积分

(1) $\int \frac{1}{(\arcsin x)^2\sqrt{1-x^2}}\mathrm{d}x$;　　　　(2) $\int \frac{1}{(1+x^2)^{\frac{3}{2}}}\mathrm{d}x$;

(3) $\int x^2\cos^2\frac{x}{2}\mathrm{d}x$;　　　　(4) $\int \frac{(\ln x)^3}{x^2}\mathrm{d}x$.

2. 计算定积分

(1) $\int_0^1 \frac{x}{\sqrt{3a^2-x^2}}\mathrm{d}x$;　　　　(2) $\int_0^4 \frac{\ln x}{\sqrt{x}}\mathrm{d}x$;

(3) $\int_0^1 x\arctan x\,\mathrm{d}x$;　　　　(4) $\int_1^2 x\log_2 x\mathrm{d}x$.

实验六　微分方程

实验目的

学习和掌握利用 Mathematica 工具求微分方程通解和特解.

实验过程

一、微分方程的计算

表 F6 – 1

格 式	意 义
DSolve[eqn,u,x]	解以 u 为因变量 x 为自变的微分方程
DSolve[eqn,u,{x,$x_{\min}$,$x_{\max}$}]	解 x 在 $x_{\min}$ 和 $x_{\max}$ 之间的微积分方程

例 F6.1 计算列微分方程.

(1) $xy' + y = y^2$;   (2) $xy' + 2y = \sin x \quad y(\pi) = \dfrac{1}{\pi}$;

(3) $y'' + y' - 2y = 2x$;   (4) $y'' - 2y' + y = xe^x - e^x$, $y(1) = y'(1) = 1$.

解 (1) $\boxed{\text{DSolve}[x*y'[x]+y[x]==y[x]^2,y[x],x]}$

$\left\{\left\{y[x]\to\dfrac{1}{1+e^{C[1]}x}\right\}\right\}$

(2) $\boxed{\text{DSolve}[\{x*y'[x]+2*y[x]==\text{Sin}[x],y[\text{Pi}]==\dfrac{1}{\text{Pi}}\},y[x],x]}$

$\left\{\left\{y[x]\to\dfrac{-x\text{Cos}[x]+\text{Sin}[x]}{x^2}\right\}\right\}$

(3) $\boxed{\text{DSolve}[y''[x]+y'[x]-2*y[x]==2*x,y[x],x]}$

$\left\{\left\{y[x]\to\dfrac{1}{2}(-1-2x)+e^{-2x}C[1]+e^xC[2]\right\}\right\}$

(4) $\boxed{\text{DSolve}[\{y''[x]-2*y'[x]+y[x]==x*\text{Exp}[x]-\text{Exp}[x],y'[1]==1,\, y[1]==1\},y[x],x]}$

$\left\{\left\{y[x]\to\dfrac{1}{6}e^{-1+x}(6-e+3ex-3e\,x^2+e\,x^3)\right\}\right\}$

练 习 六

1. 解下列微分方程

(1) $xy' = y\ln y$;   (2) $\dfrac{dy}{dx} = e^{x+y}$, $\left.y\right|_{x=0} = 0$;

(3) $\dfrac{dy}{dx} + 3y = 2x$;   (4) $xy' + y = e^x$, $\left.y\right|_{x=1} = 0$;

(5) $y'' + \sqrt{1-(y')^2} = 0$;   (6) $y'' + \dfrac{2}{x+1}y' = 0$, $y(0) = 2$, $y'(0) = -1$;

(7) $y'' - 2y' + y = e^x$;   (8) $y'' - y' - 2y = 2$.

附录二 初等数学常用公式

一、常用代数公式

1. 一元二次方程 $ax^2 + bx + c = 0 (a \neq 0)$ 根的判别式 $\Delta = b^2 - 4ac$

(1) 当 $\Delta > 0$ 时，方程有两个不相等的实根

$$x_1 = \frac{-b + \sqrt{b^2 - 4ac}}{2a}, \quad x_2 = \frac{-b - \sqrt{b^2 - 4ac}}{2a}$$

(2) 当 $\Delta = 0$ 时，方程有两个相等的实根

$$x_1 = x_2 = -\frac{b}{2a}$$

(3) 当 $\Delta < 0$ 时，方程无实根，但有两个共轭复数根

$$x_1 = \frac{-b + \sqrt{-\Delta}\, i}{2a} \quad x_2 = \frac{-b - \sqrt{-\Delta}\, i}{2a}$$

根与系数的关系

$$x_1 + x_2 = -\frac{b}{a}, \quad x_1 \cdot x_2 = \frac{c}{a}$$

2. 指数运算公式

(1) $a^m \cdot a^n = a^{m+n}$;

(2) $\dfrac{a^m}{a^n} = a^{m-n}$;

(3) $(a^m)^n = a^{mn}$;

(4) $(ab)^m = a^m b^m$;

(5) $\left(\dfrac{a}{b}\right)^m = \dfrac{a^m}{b^m}$;

(6) $a^{\frac{m}{n}} = \sqrt[n]{a^m} = (\sqrt[n]{a})^m$;

(7) $a^{-m} = \dfrac{1}{a^m}$;

(8) $a^0 = 1 (a \neq 0)$.

3. 对数运算公式

设 $a > 0$，$a \neq 1$，则

(1) $\log_a xy = \log_a x + \log_a y$;

(2) $\log_a \dfrac{x}{y} = \log_a x - \log_a y$;

(3) $\log_a x^b = b \log_a x$;

(4) $a^{\log_a N} = N$;

(5) $\log_a a = 1$，$\log_a 1 = 0$，$\ln e = 1$，$\ln 1 = 0$;

(6) 换底公式：$\log_a x = \dfrac{\log_b x}{\log_b a}$.

4. 常用二项展开及分解公式

(1) $(a \pm b)^2 = a^2 \pm 2ab + b^2$;

(2) $(a \pm b)^3 = a^3 \pm 3a^2 b + 3ab^2 \pm b^3$;

(3) $a^2 - b^2 = (a - b)(a + b)$;

(4) $a^3 - b^3 = (a - b)(a^2 + ab + b^2)$;

(5) $a^3 + b^3 = (a + b)(a^2 - ab + b^2)$;

(6) $(a+b)^n = C_n^0 a^0 + C_n^1 a^{n-1} b + C_n^2 a^{n-2} b^2 + \cdots + C_n^k a^{n-k} b^k + \cdots C_n^n b^n$

其中 $C_n^k = \dfrac{n(n-1)(n-2)\cdots(n-k+1)}{k!}$，$C_n^0 = 1$，$C_n^n = 1$.

5. 常用数列的和

（1） $a + aq + aq^2 + \cdots + aq^{n-1} = \dfrac{a(1-q^n)}{1-q}$，$|q| \neq 1$；

（2） $1 + 2 + 3 + \cdots + n = \dfrac{1}{2}n(n+1)$；

（3） $1 + 3 + 5 + \cdots + (2n-1) = n^2$；

（4） $1^2 + 2^2 + 3^2 + \cdots + n^2 = \dfrac{1}{6}n(n+1)(2n+1)$；

（5） $1^3 + 2^3 + 3^3 + \cdots + n^3 = \left[\dfrac{n(n+1)}{2}\right]^2$.

6. 阶乘

$$n! = n(n-1)(n-2)\cdots 2 \times 1$$

二、常用三角公式

1. 度与弧度

$1° = \dfrac{\pi}{180}\mathrm{rad}$；$1\,\mathrm{rad} = \dfrac{180°}{\pi}$.

2. 基本公式

$\sin^2 x + \cos^2 x = 1$；$1 + \tan^2 x = \sec^2 x$；$1 + \cot^2 x = \csc^2 x$.

3. 倒数关系

$\tan x = \dfrac{1}{\cot x}$；$\sec x = \dfrac{1}{\cos x}$；$\csc x = \dfrac{1}{\sin x}$.

4. 倍角公式

$\sin 2x = 2\sin x \cos x$；$\cos 2x = \cos^2 x - \sin^2 x = 2\cos^2 x - 1 = 1 - 2\sin^2 x$；

$\tan 2x = \dfrac{2\tan x}{1 - \tan^2 x}$.

5. 半角公式

$\sin^2 \dfrac{x}{2} = \dfrac{1 - \cos x}{2}$；$\cos^2 \dfrac{x}{2} = \dfrac{1 + \cos x}{2}$；

$\tan \dfrac{x}{2} = \pm\sqrt{\dfrac{1 - \cos x}{1 + \cos x}} = \dfrac{1 - \cos x}{\sin x} = \dfrac{\sin x}{1 + \cos x}$.

6. 两角和与差的三角函数公式

$\sin(x \pm y) = \sin x \cos y \pm \cos x \sin y$；

$\cos(x \pm y) = \cos x \cos y \mp \sin x \sin y$；

$\tan(x \pm y) = \dfrac{\tan x \pm \tan y}{1 \mp \tan x \tan y}$.

7. 积化和差公式

$\sin x \cos y = \dfrac{1}{2}\left[\sin(x+y) + \sin(x-y)\right]$；

$$\cos x \sin y = \frac{1}{2} \left[\sin(x+y) - \sin(x-y) \right];$$

$$\cos x \cos y = \frac{1}{2} \left[\cos(x+y) + \cos(x-y) \right];$$

$$\sin x \sin y = -\frac{1}{2} \left[\cos(x+y) - \cos(x-y) \right].$$

8. 和差化积公式

$$\sin x + \sin y = 2\sin \frac{x+y}{2} \cos \frac{x-y}{2};$$

$$\sin x - \sin y = 2\cos \frac{x+y}{2} \sin \frac{x-y}{2};$$

$$\cos x + \cos y = 2\cos \frac{x+y}{2} \cos \frac{x-y}{2};$$

$$\cos x - \cos y = -2\sin \frac{x+y}{2} \sin \frac{x-y}{2}.$$

参 考 文 献

[1] 同济大学应用数学系. 高等数学 [M]. 6 版. 北京：高等教育出版社, 2007.

[2] 刘玉琏, 傅沛仁. 数学分析讲义. 北京：高等教育出版社, 2008.

[3] 博克（David Bock）. Barron' AP Calculus 世界图书出版社, 2016.

[4] 侯风波. 高等数学 [M]. 4 版. 北京：高等教育出版社, 2014.

[5] 刘继杰, 李少文. 工科应用数学 [M]. 2 版. 北京：高等教育出版社, 2016.

[6] 刘晓春, 陈东林. 高等数学 [M]. 天津：南开大学出版社, 2014.